大是文化

すごい立地戦略
街は、ビジネスヒントの宝庫だった

開店的地點學

三萬份大數據分析「地點」的布局戰略，你務必要懂的街道線索。

三萬件調查實績的店面開發專家
榎本篤史——著
黃立萍——譯

目錄

第1章 街道，是閱讀人類心理的戰略寶庫……33

第2章 開店找點？向群雄割據的便利店討教……71

第3章 無懼激戰！餐飲業的地點布局戰略……113

第4章 地點學派不上用場？不拘泥於地點的業態……177

第5章

第6章 所有店面都通用的黃金守則……245

結語

※書中提到的店鋪名稱、場所，以及其他相關數字等資訊，為著書當時的資料。

推薦序一

想開店的人很多，會教你選開店地點的人就不多了

正聲廣播《日光大道》房產節目主持人／張欣民

我在房地產市場有二十多年的經驗，主持房產廣播節目已屆十一年多，除了持續關注房市的價量變化之外，對於房地產當中的產品店面，更是有高度的興趣。好多年前，我就提出一個投資店面的「一二三原則」。所謂一二三原則既好記又容易判別，簡單分享如下。

一、選擇臨主要馬路第一線一樓之店面

「一」這個原則還有兩個重點，其一是主要馬路第一線，最怕你覺得第

一線馬路的店面價格太貴，於是退而求其次，找店面找到同路段的第一巷或是第二巷去，這種店面不但不能投資，更不適宜開店。其二是一定要一樓的店面，這樣的實體店面才是消費者最容易接近的，也就是所謂的「可及性」，這點很重要！

二、臨路寬度最好在二十米左右

「二」指的是店面前面的道路寬度，這寬度不是越寬越好，正好相反，店面臨路的寬度是越寬越不好。實地觀察黃金店面臨的路寬度，大概是在二十米左右最理想，三十米以內尚可接受，若超過三十米，或是更寬的大馬路店面都不宜。

三、優先選擇位於「三角窗」的店面

所謂「三角窗」是臺語的說法，是泛指位於兩條道路交接處的店面，也就是說它是兩面臨路。這也是為什麼很多商家在開店時，都優先找三角窗店面的原因。

有幸先睹開店專家榎本篤史的新書《開店的地點學》，對照後才發現，他提出來的某些觀點，跟我的一二三原則不謀而合。當然，本書不只是講如何挑選店面地點，還有很多開店當老闆的成功經營 Know How。

現在很多年輕人的夢想，是開個小餐廳、咖啡館，一圓創業當老闆的夢，也是眼下不景氣氛圍中小資族的小確幸。但是年輕的小資族找店、開店，往往不是道聽塗說就是跟著感覺走，缺乏專業人士的引導，也欠缺專業的開店知識，結果常常血本無歸，交了不少冤枉的學費。

事實上，臺灣不是沒有開店專家，看看街道兩旁琳瑯滿目的各色商店，就知道臺灣一定有不少這方面的行家。只是這些專家都只是為個別的連鎖集團或業主服務，更視開店 Know How 為最高機密，鮮少有人願意將這些 Know How 公開。

如今在臺灣能看到一本由真正的專家所寫的開店指南，《開店的地點學》正是一本不藏私的開店祕方，我想這絕對是創業開店者的一大福音，可讓年輕人不再走冤枉路、不再花冤枉錢，因此非常樂於撰文推薦，也祝新書一出版就能夠洛陽紙貴，嘉惠更多的人。

推薦序二

開店想致勝，更要懂地點之外的玄機

《巷子口經濟學》作者、資深產業分析師／鍾文榮

在臺灣，無論買房子或找店面，大家一定耳熟能詳的就是「Location、Location、Location」，因為很重要，所以要連講三次。為什麼Location（地點）如此重要，大家也許說不上來，但隱約指向「錢」這個字。於是乎，好地點就有好價錢，大家都心知肚明，越先看中好地點，就越有賺到錢的可能。

這幾年，大型連鎖業者在各地開店，很多都在人潮少與交通動線差的地方設點，憑直覺想，虧錢的生意沒人願意做，這些積極的業者，有可能是看到了「地點」之外的玄機。

《開店的地點學》這本書，作者以在日本二十多年的開店顧問經驗，剖

析了地點之所以重要的原因。說得直接一點，就是「營業額」。買房子要的是增值，找店面要的是業績，這並無二致。

回到經濟學對於地點的說法。地點之所以重要，經濟學家看中的就是「經濟租」，這是指要素收入和其機會成本之間的差額，於是乎，降低成本（經濟學一律指的是機會成本）、增加收益，就是極大化租值。如果大家的選擇差異不大，極大收益就是我們所講的「眉角」。

換言之，地點就好端端的在那邊，決定這個地點能夠從事何種商務行為，營業額當然有差異。就像貓王（艾維斯．普利斯萊〔Elvis Aaron Presley〕）在當歌星成名之前是貨車司機，然而貓王可以決定演戲，也可以經商，他的收益都會因為角色而改變，但貓王這個人並沒有改變，貓王就是地點。

有趣的事就在這裡，如果你今天打算找間店面、從事零售買賣，走在路上，你如何得知哪個地點符合極大化「經濟租」的概念?作者提出了「地點」和「商圈」等共十個關鍵因素來決定營業額，方便讀者就這十個關鍵因素，來評估自己設置的地點是否有利。有結構化的判斷方案後，判斷的準則就相對有數字和理論支持。

但是，市場上很多資訊都是公開透明的，大家眼中所見的可能有些雷同，概念也相似，某些地點之所以熱門，代表這點的「經濟租」夠高，以至於大家競爭；隨後，租金與價格就會水漲船高，直到大家都沒有利潤為止，然後開始退出市場。

舉臺中市的案例說明會更清楚，公益路是市區相當知名的美食餐飲街，諸多著名的餐廳都選擇在公益路上開店，這本是聚集後的經濟效果，最後會外溢到每個店家。但也因為如此，店面大都是承租的，公益路因為眾多餐飲業者尋租與競租的結果，導致租金水漲船高。最後，負擔不起連連調漲租金的餐飲業者，只好另尋他路。所以，經濟學家普遍認為，當市場充斥著競租行為時，對經濟體是不利的。

作者另外提出說明，地點也有可能不是決勝的關鍵因素。例如品牌，也就是說尋租的過程中，尋租者的智慧與眼光亦是另一層考量因素。不然，在彼此競爭的結果下，沒有人會是贏家，而且實際情況是地點即便不好，還是能靠品牌力吸引顧客。所以，當我走在臺中市的重劃區，見到餐飲品牌業者接連進駐這些絕非有人潮的重劃區，直覺就想到，這弦外之音透露著業者的策略，「地點」也是策略性經營出來的。

《開店的地點學》這本書，以作者二十多年的經驗觀察地點致勝的邏輯，以臺、日兩地相仿的經濟結構來看，值得有需求的人參考。

推薦序三

分析失敗原因，找出成功關鍵，就是地點學的迷人之處

募資買房達人／羅右宸

這本《開店的地點學》真的是房地產學的經典代表作之一。書中講述房地產的價格與價值，是由多種複雜的因素構成的。例如都市、交通、人潮、車潮、停車位、外部環境，以及內部公共環境格局、內部裝潢等，依據不同開店的產業別及經營模式，所評估的準則也不盡相同。究竟要用什麼依據和原則，來評估房地產獨一無二的特性呢？

書中的答案就是：「具體數據的操作經驗。」因每個標的狀況都不同，一定要親自調查、做功課，而本書就是你的大數據百科寶典。書中會教你判

斷車流量的方向、路線做紀錄，以及便利商店龍頭7-ELEVEN怎麼建立一個開發部隊，又其評估、挑選店面的原則是什麼？大型連鎖餐廳到底要開在郊區，還是市中心的車站旁？店面停車位要多少個，才足以容納用餐消費者？各行業類別都可以去每個車站開店經營嗎？有太多不同的行業、地點、產品要評估，而本書的內容，正可以讓人細細品味其中奧妙。

此外，店面的產品類別也非常多元，像是除了人潮不多的一樓地下室與樓上樓層，是要租給一般行政辦公室的類別；甚至是郊區型的閒置空地做長租後，再活化、利用；還有一般坊間觀光夜市常看到的分割攤販店面，以及臺灣流行的娃娃機熱潮等，實在很難用一個整體概括的大原則，來分析所有房地產的收租產品類別。

我想，只有不斷的實戰操作、記錄，分析失敗行業做不起來的原因，然後蒐集大量的數據並檢討，才能找出成功的方程式，而這也是這本《開店的地點學》的迷人之處。藉由快速瀏覽一本書，便能學習作者花了好幾十年的經驗與原則，這才是我要的。這本書也能讓我在房地產領域，不斷的學習成長，因此樂於推薦給所有讀者。

前言
想知道開店地點是否合適、想估計價值——就上街逛逛

我是 D.I.Consultants 顧問公司總經理，負責幫企業經手店鋪拓展，因此無論酷暑或嚴冬，只要我一有空，就會在外頭徘徊。即使是同一條市街，我也會在平日的白天、晚上，以及假日的白天、晚上等各時段到處走動。

為什麼要這麼做？因為針對**「要把店開在什麼樣的地方，才會賺錢？」**、**「為什麼那家店可以賺那麼多？」**等問題，我們一直尋求的答案，**全都在現場**。

街道不僅時常變化，店家也會經常更替，路上行走的人群也會隨著時間而不同。因此，我非常喜歡走在街道上、注意這些變化，探訪不熟悉的地方。其中都隱含著極為大量的啟發，不僅能幫助純粹的店鋪經營者，對一般的上班族也很有用。

「那家便利商店一直稱霸業界的理由，就在於它的『執拗』。」
「乍看之下應該會生意興隆的地方，竟暗藏著恐怖的陷阱。」
「數據資料很重要，但更重要的是在現場走動，用自己的眼睛確認。」
「一下子爆紅的店家，要是趁勢拓展據點，之後反而可能門可羅雀。」
「只要人氣商品具備壓倒性的實力，根本不需要地點布局戰略。」

這些概念不僅止於店鋪經營，也是所有行業共通的本質。詳細內容將在各章為各位解說，而地點布局戰略和商業模式之間的密切關係，也相當值得讀者一看。**只要觀察各個業界選擇地點的戰略，其中的頂尖商業模式便呼之欲出了**。

為了讓各位了解所謂的地點布局戰略為何，我將會以身邊容易理解的案例，帶領你觀察路邊的店鋪（第一章），而後一覽大家每天都會利用的便利商店業界（第二章）、餐飲店的攻防策略（第三章），再進一步學習不限於這些行業、業態的其他類型（第四章）。接下來跳脫業界的框架，從街道或車站的視角，來學習如何挑選適合的地點（第五章），最後則是彙整想實際開店的人，都應該知道的現實規則（第六章）。

總而言之，本書希望能讓除了店鋪經營者、有開店計畫的人之外的讀者，也能在閱讀之後產生樂趣。

每天通勤或跑業務時，總是無意間在街上走著，當你讀過這本書之後，要不要試著讓逛街的每一瞬間都更有趣，進一步找出商業上的啟示？我想，對於經常外出或喜歡逛街的人來說，很快就會感受到：「街上到處充滿了地點的布局戰略。」

根據日本總務省統計局的經濟統計調查顯示，一九九六年的餐飲店數量為八十四萬家，二〇一二年則是五十八萬家。在這大約十六年間，減少了約三成左右的餐飲店。在人口不斷減少的社會中，身處興衰成敗的店鋪商務，能比其他店更受歡迎、不倒閉而仍舊倖存的店家，必然都有其理由。各位要不要試著透過地點布局戰略，來學習這些強者的觀點、思考模式、戰略擬訂方式，以及貫徹執行的方法？

（按：根據「臺灣趨勢研究」網站（http://www.twtrend.com/index.php）調查的二〇二二年餐飲業發展趨勢指出，臺灣餐飲業的家數，在過去五年間逐年增加，二〇一七年為十三萬家，近年來逐漸成長，至二〇二一年為十六萬一百三十八家，年均成長率為四．〇％。在銷售額方面，二〇一七年至二〇二〇年每年銷售額皆成長。但二〇二〇年受新冠疫情影響，營業額成長趨緩，二〇二一年五月實施三級警戒，銷售額出現負成長。）

序言
剖析影響營業額的十個因素，看點眼光精準

「為何這個地點適合開店？」、「要把店開在什麼樣的地點，營業額才會提高？」、「考量開店地點時，應該關注什麼因素才好？」在本書中，我將舉出各種店鋪地點布局的案例，同時具體解說其中的答案。

本篇首先會為各位說明，**十個影響營業額的關鍵因素**究竟是什麼，以及它們的概略內容。在正文中，不一定會直接指出這個案例符合十大要素的哪一個，但本書談到的內容，一定都會對應到這十大要素的某一項。

「究竟是對應到哪一個要素？」如果你很在意這個問題，希望你務必翻回這一篇〈序言〉，逐一確認這些要素的內容。

請參照第二十七頁圖1。店鋪的「營業額關鍵因素」大致可分為「地點

因素」和「商圈因素」兩種。

所謂的**「商圈因素」是指，以店家為中心，往外推半徑數公里至數十公里的廣闊範圍中，會影響營業額的因素。**

而**「地點因素」則是指，在狹窄範圍內，影響營業額的因素，店家所在的土地、建築物、周邊環境等，都屬於此類因素。**

此外，商圈因素還可分為關乎交易區域的「商圈因子」，以及和自家商店競爭對手有關的「競爭因子」。地點因素則可進一步區分為，關乎店家位置的「地點因子」，以及和建築物、用地等有關的「結構因子」。

這些關鍵因素要如何變化，才能讓營業額成長？我將簡單彙整如下，請各位逐一參照。

①顧客引導設施——吸引顧客的設施（參照第四章）。例如使用者眾多的市中心車站、大規模商業設施、購物中心、交通量大的幹線道路或十字路口等，都屬於這一類。顧客引導設施是否位於鄰近位置，將使營業額出現大幅變化。

②認知度——能表現出「店鋪在哪裡」的要素，就是認知度。認知度分為

圖 1　影響營業額的據點與商圈因素。

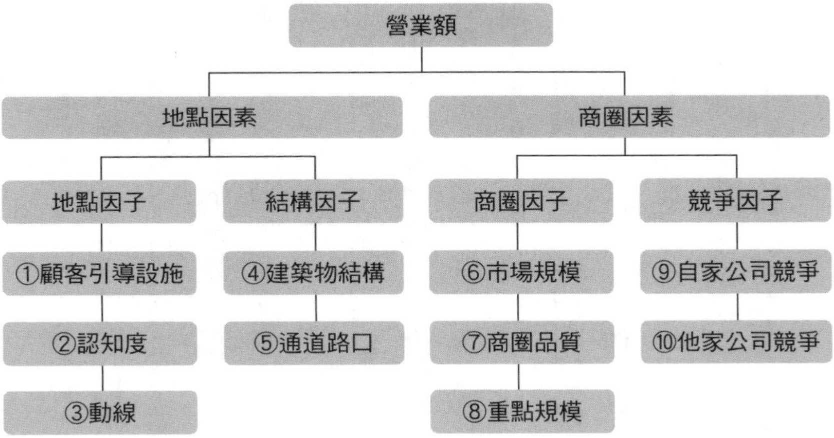

以下兩種：一種是能見度，就是評估在行人、駕駛人眼中，是否「看得見或看不見」該店鋪；另一種是周知度，則是評價人們原本「知道或不知道」該店鋪。當然，店家要藉由招牌等方式而讓人們容易知道、看見，並廣為人知，營業額才能提升。

③動線——指聯接了兩個顧客引導設施的道路。舉例來說，在車站下車的人要前往百貨公司的路線，就是動線。如果有好幾個顧客引導設施，動線會顯得複雜，於是顧客也難以了解、容易發生變化，這也是動線的特徵。

掌握人潮通過的動線，並在該條路線上開店，就能提高營業額。

④建築物結構——不只單純的指涉店家建築物本身，連同店鋪面積和停車場可容納的車輛數、入口的數量及位置、座位數量等，這些要素也都包含在內。基本上，建議店鋪面積必須寬廣、停車位多，並確保店鋪和停車場都有好幾個出入口，同時面對主要道路的門面入口應該寬敞。餐飲店的客座數量也很重要，不要太多或太少，能總是**維持恰好客滿的程度，就是最佳選擇**。

⑤通道路口——表示進入店鋪或店家用地的難易度。比方說，如果店家前方的步道寬大、停車場有足以回轉的空間，顧客就可以輕鬆進入，也就容易提升營業額了。反之，如果消費者認為這家店「很難走進去」，就得考量兩個理由，我將在第六章詳細解說。

⑥市場規模——和一般的商圈概念相同，是表示店鋪往外擴散的半徑數公里範圍中，有多少人居住、工作，也就是人口數量。只要店鋪周邊有許多人居住，或是有人潮流動、經過，光是這一點就可能讓營業額成長。因此在開店時，市場規模是很重要的調查指標。如果人潮眾多但營業額低迷，就能採取補救措施；如果該地區人太少，就該考慮移轉到人潮較多的位置。

⑦商圈品質——雖然人口數很重要，但不是單純指「人越多就越好」。在該商圈中，能夠成為自家店鋪顧客的目標客群是否眾多——也就是人的「質」，才是該追究的關鍵。年齡、性別、職業別、家庭成員數、收入等，這些都是調查品質的指標。在「可成為自家店鋪顧客的人數」較多的地點開店，營業額才能成長。

⑧重點規模——從店家前走過的人數稱為通行量，而行經店家前道路的汽車數量，則稱為交通量。開設新店鋪時，這是應該和⑥市場規模一同調查的要素。通行量、交通量越高，營業額自然會提升，但也必須檢視步行速度、路上行人的服裝，同時也要確認⑦商圈品質的顧客品質才行。

⑨自家公司競爭——以連鎖店來說，銷售商品、價格、提供方式都相同的連鎖企業其他分店，就是最大的競爭對手。

採行「藉由在某區域內集中展店而獲得市占率」的優勢策略（按：Dominant Strategy，又叫做支配性策略），或是以加盟形式展店的連鎖企業，必須考慮是否會和鄰近的同一連鎖分店搶客，或對店鋪之間造成影響。經營者很容易忘記自己是連鎖企業，所以一旦覺得營業額低落的話，就應該留意顧客是否被自家連鎖的其他分店搶走了。

⑩他家公司競爭——銷售商品、價格、提供方式這三點和其他公司越相似，越會影響營業額。同行業者自然不在話下，近年來因為不同業種、業態之間的區隔變得模糊（按：業種〔Kinds of Business〕是以經營商品種類來區分，舉凡服飾、藥品、家電、藥妝等，便是不同的業種；而業態〔Types of Operation〕則是以經營型態為區分項目，諸如便利商店、量販店、百貨公司、網路購物等，就屬於不同的業態），各種業態的店家可能會相互競爭。

以最近來說，速食店的競爭對手就多了內用餐飲店、便利商店這兩種。因此必須比較⑨自家公司競爭舉出的三點要素，評比競爭的強弱結果之後，再針對自家店鋪的弱項擬訂對策、確實執行。

如何？僅僅掌握住這些要素來觀察街道，對於那些過去只是一晃而過的店家，你的觀察將會因此不同。「那家店為什麼生意好？」、「那家連鎖企業擁有什麼樣的戰略？」如果你的直覺夠敏銳，或許就能解開這些謎題。

而正在考慮開店、或是已經在經營店鋪的讀者，只要把握這十大要素並一一確認，就能淬鍊出一套計畫周延的開店策略。在開設新店鋪時，不僅能作為檢視項目利用，如果你已經有店面，也可以用來確認還欠缺哪些要素，亦可作為判斷營業額為何無法提升的線索。

只要先掌握這套基本概念再閱讀本書，就能更有系統的理解地點布局戰略和商業模式。

第1章

街道，是閱讀人類心理的戰略寶庫

首先，我們來看看身邊常見的「沿街開設的店鋪」——也就是以路邊店鋪為中心。即使是同一家連鎖企業的分店，車站前的店鋪和路邊的店鋪不僅型態有異，開店的戰略也會不同。

在這當中，包含「行駛中的駕駛人觀察店家的模式」、「駕駛人視線感受到的、進入店家的難易度」等，巧妙融合了各式各樣的顧客觀點。相信你也能了解，人類的心理多麼深刻的影響地點布局戰略。

因此，我一直在思考：「地點布局戰略究竟是什麼？」最容易實際體驗、理解大致概念的，就是路邊的店鋪了。

開車的讀者們，只要一邊以駕駛人的角度、回憶平時經過的道路，一邊閱讀本書，或許也會深有同感：「我懂！」——這樣的內容，將會在書中接連不斷的出現。至於平時不開車的讀者，因為我們身邊就有沿著大馬路或街道開設的店家，也希望各位能一邊想像路邊環境、一邊閱讀，進而理解地點布局戰略的基礎。

1 路邊開店，三角窗未必都好，要找「受角」

考考各位，請參照下頁圖2，沿著路邊，一共標示著A至F等六個位置，橫向行經十字路口的交通流量，由東到西的那一邊是五千輛（半天），而縱向行車的流量則為兩千輛。

請問，如果你要開一家便利商店，會選擇A至F中的哪一個位置？請試著思考，哪一個是最容易賺錢的地點？

正確答案是「A」。這對於便利商店——特別對7-ELEVEN來說是相當明顯的位置，若是要在十字路口開店，最賺錢的就是A。

首先，關於在十字路口交叉的兩條道路，要**以交通量較多的那一側為基準**來考量。以汽車半天內有五千輛流量的路，和兩千輛流量的路來說，五千輛流量的路較能成為基準。這和「盡可能把店開在人口較多的地方」的思維

圖2　如果要開便利商店，哪個地點最好？

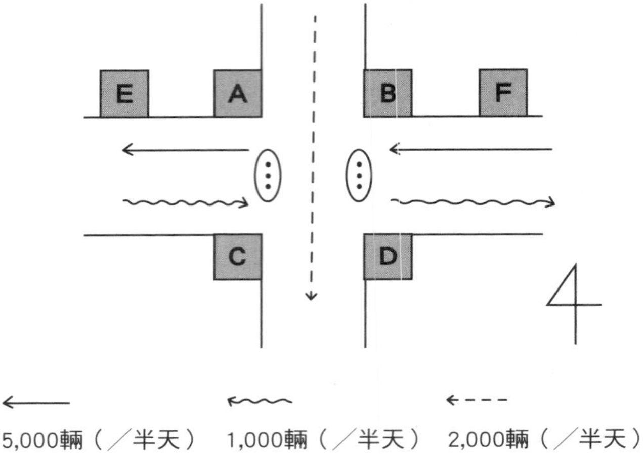

4

相同，為了盡量抓住顧客，就應該以交通流量大的道路為基準來思考。

選擇了作為基準的主要道路之後，就將目標鎖定車流量最大的那條道路行駛方向的「同側」，靠右行駛就挑右側店面。道路是由東到西的方向通車，位於行車方向不同側的C點、D點就會從選項中剔除了。因為還得回轉、十分麻煩，不是嗎？

那麼，如果要說位在交通流量高的道路右側的A、B、E、F都很好，也不盡然。若十字路口有紅綠燈，比起紅綠燈之前的位置，把店開在過了紅綠燈之後的地點更好。為什麼？或許你會認為，無論在紅綠燈前、後，駕駛車輛進入店家的難易程度沒有差異，但請你想像一下把車開出來的情況吧。**從店家的停車場要把車開到路上時，過了紅綠燈之後的位置是比較方便的**，對吧？解答之所以是「A」，原因就在於此。

當車子因為等紅燈而接連停下來時，你就無法從紅綠燈之前的B店和F店開出來。因為你必須等待車陣中斷，或是插隊才行。當號誌轉為綠燈、車陣開始移動時，你又必須斟酌時機，好不容易才能開到馬路上。因此，位於十字路口之前的B和F，就不能列入選項。

如果是過了紅綠燈之後的A點，只要沒有塞車，不管後方燈號是紅是綠，都能把車開到路上。如果沒有車輛從十字路口轉彎過來，都能順利的開出去。為了把車開到路上，A點的障礙比十字路口之前的位置少得多。

據說駕駛人在開車時，視野會限縮到很小。比起仔細觀察周邊景色，他們更會將注意力放在前方的車輛、號誌，或橫向通行的摩托車。這就是他們在等紅燈、停下來的瞬間，視野豁然開朗而放鬆的原因。你記得這種感覺嗎？當你因為等紅燈而停下車時，會一瞬間感到鬆了口氣；而且在這個時候，原本限縮的視野會打開，於是你察覺到：「**啊，紅綠燈前面**，有家便利商店呀。」

那麼，為何A點又比E點更好？兩個地點的差異在於，A點位於十字路口的「拐彎地段」（三角窗）上。所謂拐彎地段，是指面對兩條路的位置。在這張圖上，就是五千輛車通行的道路和兩千輛車通行的道路。如此一來，A點可以匯聚來自這兩條路的顧客，因此就是一個擁有合計七千輛汽車交通流量的地點；E點只面對著一條五千輛車通行的道路。因此，交通流量更高的A點，才是最佳的布局位置。

順帶一提，在關於地點布局的業界理論中，B點稱為「送角」，A點則稱為「受角」。如果要在路邊開店，你就該鎖定面臨兩條路、路角地的受角。

7-ELEVEN始終選在這種位置開店。如果在送角上剛好有一家7-ELEVEN，我肯定會這樣想：「啊，現在他們應該正鎖定『受角』的土地在交涉吧。」因此路邊的最佳開店地點，必屬受角無疑。

2 在轉彎處的麥當勞，都怎麼開店？

我一直都覺得，麥當勞向來都是根據地點布局戰略，以一致的步調開店設點。麥當勞的店鋪數量非常多，據聞他們會詳細分類開店位置，共分成數百種之多，再預測其營業額。如此周延展店的麥當勞，在路邊轉彎處弧形的位置上，有一個明顯的特徵。

弧形分為「外弧」和「內弧」兩種，請參照下頁圖3-1。店家位於弧形外側的就是「外弧」，而位於弧形內側的就是「內弧」。在這兩種位置中，麥當勞只在其中之一開店。你認為是哪一個？

正確答案是外弧。麥當勞都在圓弧狀的道路外側、從圓弧中間部分開始完全過彎的位置上開店。為什麼是外弧？從下頁圖3-2中粗線箭頭表示的駕駛人視線來看，你就能了解箇中道理。

無論是哪一邊的弧形，視線都會往弧形外側移動。因此，如果將店開在

圖 3-1　在弧形轉彎處兩種不同的開店位置。

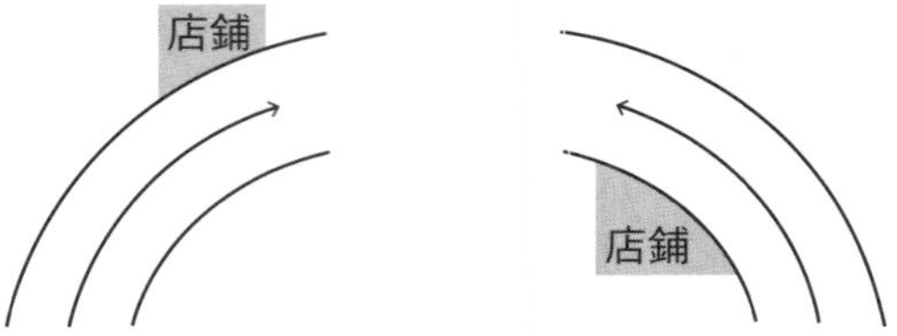

圖 3-2　駕駛人在弧形過彎時的視線，會看向外弧。

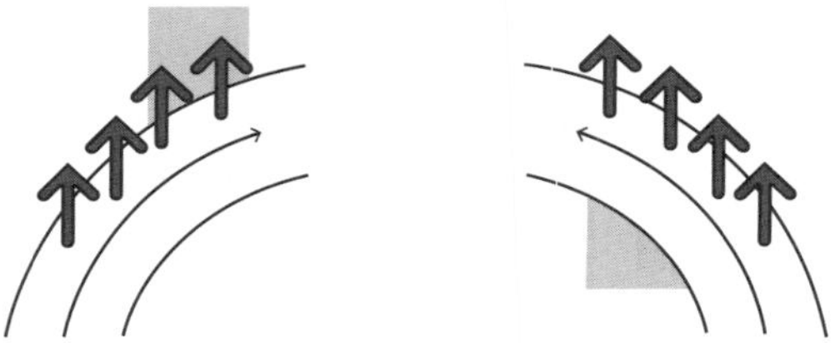

外弧的位置上，當駕駛人過彎時，幾乎都能正眼看見店家。而且，是從非常靠近店鋪之前、在剛過圓環轉彎處的時間點看見那家店。

另一方面，即使將店開在內弧處，因為視線會往弧形外側移動，所以會一直看著前方車道，結果就是很難發現店家。如果店家位於從右往左轉彎的道路內環處（如圖 3-2 右圖），雖然駕駛人可以正面看見店家，但是看見位於內弧的店家時，往往已經來不及停車了。

因此，麥當勞都如圖3-1左邊的情況一般，始終都在外弧處設點，而且如果是雙向車道，則會以「往左轉彎的外弧位置」為中心展店。然而，靠右行駛的國家，在往右彎的雙向弧形道路上，外弧店面得停車過馬路或回轉，不是好地點。

下次坐車時，希望你能實際感受一下，店家通常都開在外弧處的情況。如果是雙線車道，這時你注意一下，自己會把視線擺在左弧或是右弧上，會發現結果很有趣（請留意行車安全）。

而不開車的讀者，無論是購物商場或其他任何店家，當你看見一條圓弧狀的道路，請試著觀察：「圓弧內側和外側的店家，哪一種比較容易吸引你的視線？」我相信比起內側店家，必然是外側店家更容易映入眼簾。

如此考量駕駛人的視線之後，決定開店地點就容易多了。

3 好不好停車？用錯覺消除心理障礙

請先參照左頁圖4。這兩張圖片都是東京都內的超市停車場。請問，如果你開車前來，會認為哪一個停車場比較好停車？是A超市，還是B超市？

超市的停車場，用來分隔停車位的線通常都是單線，這是最正統的劃分線條。而另一方面，B超市的停車場，線條則是彎成U字形、呈現雙線圖樣。最近，我們在許多不同的停車場，都會看見這樣的設計。

或許有人認為這兩種情況並無差異，但聽說對於不擅長開車的人、特別是女性且不善駕駛的顧客來說，其實B超市這樣用雙線劃分的停車場，會讓他們覺得更容易停車。

原因就在於，據說在視覺上，雙線能讓人感覺和隔壁車輛的間隔看起來比較大。事實上，無論單線或雙線，和隔壁車輛的間隔完全沒有差異。但當

圖 4　你覺得哪一個停車場比較好停車？

A超市

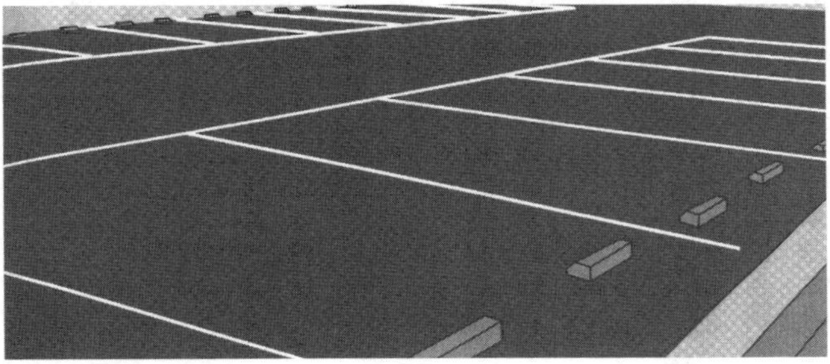

B超市

分隔線畫成了雙線圖樣時，就會讓人產生錯覺，認為：「比單線劃分的間隔更大、空間也變得更寬廣。」

許多人十分不擅長以倒車入庫的方式停車，因此為了減輕這樣的心理障礙，在女性顧客較多的超市、百貨公司、藥妝店的停車場，才會採用U字形雙線的分隔線條。在擅長駕駛的人眼中看來，或許會認為：「就因為這點小事，需要這麼做嗎？」但可別輕忽這細微的心理障礙。

如果來店購物時，有些顧客時常因為停不好車子而擦傷車體、或是碰撞到隔壁車輛，這些事都會成為心中不愉快的經驗，之後他們就會覺得：「還是別去那家店好了。」有時候，如果在不遠的地方有另一家店更容易停車，消費者也會認為：「上次那家超市不好停車，選這一家好了。」而決定不前往原本的超市消費。

店家就因為這些理由，而錯失頻繁前來消費的主婦顧客，這不是很可惜嗎？或許只是些微的差異，但店家是否在這些細微的設計上留心，將會影響顧客是否再度光臨。

注意觀察店家入口的路緣石！

為了確實抓住顧客光臨的機會，選擇的開店地點，就必須具備適合的出入口。這正是十大營業額關鍵因素中的地點因素、結構因子的⑤通道路口。

先前提到的停車場分隔線，也包含在其中。

所謂的通道路口，就是指前往店鋪用地或建築物本身的難易程度。一旦心理障礙提高，顧客就不會走進店裡。為了讓顧客反覆來店消費，店鋪經營者應該盡可能花心思設計出容易出入的通道，不要讓顧客覺得很難進來。

舉例來說，當顧客正要開車進入路邊的店鋪時，雖然想從步道路緣石較低矮的開口處進去，有時卻會發生單側輪胎甚至車緣，擦撞到路緣石頂端的情形。

「啊！糟糕……。」明明小心翼翼的轉彎，卻開上了路緣石，同時也擔心：「車子會不會哪裡擦傷了？」

下頁圖5中的路緣石，有一部分已經泛黑了。如果仔細觀察路邊店鋪出入口附近的路緣石，就會發現這種現象並不稀奇。這是因為好幾輛車的輪胎都磨擦到這裡，所以才會變色。

為什麼車子輪胎會這麼頻繁的摩擦這個部分？箇中緣由，就在於停車場的出入口狹窄。每一塊路緣石的寬度大約都是六十公分左右，約莫十塊的量，就會形成六公尺左右的出口寬度。店家能夠確保這個空間有多大，就是關鍵。

如果輪胎輾上路緣石的車子多，就表示出入口的寬度太小。不慎開上此

圖 5　路口不夠寬，車子就會擦撞到路緣石。

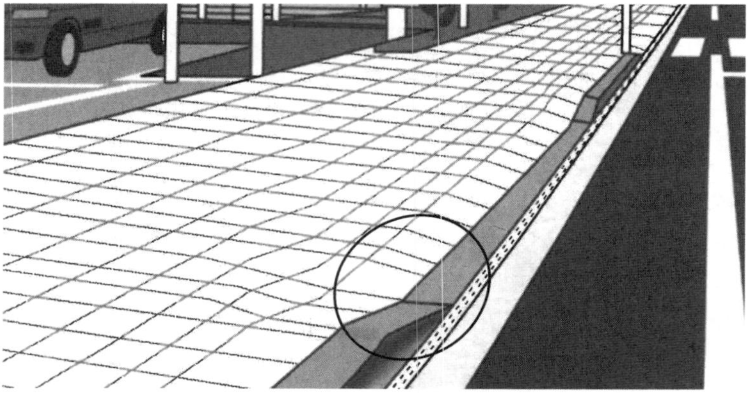

處一次的顧客，會心想：「我可不要再卡一次！」、「說不準哪天真的會刮傷車子吧？」於是就不常來這家店消費了。

雖然只是一件小事，但出入口的寬度也可能成為顧客的心理障礙。離開店家時，或許各位會在意建築物本身、用地大小或交通流量，但從道路進入店家的難易程度，也是希望各位能納入考慮的關鍵。建議各位不妨實際開車前往，確認停車場是否方便進入。

4 「左彎待轉」會害你流失客人

在進入店家的難易度這點，地點布局上考慮到「從對向車道轉彎進入店家的顧客」（按：路口左轉時須穿越對向車道，一連串車輛會迎面而來），對於以家庭客層為主的商家來說，是很重要的。

有些駕駛因為必須橫越對向車道而不喜歡左轉，主要以女性為主。我有一位女性友人曾經說過，因為開車時絕對不考慮左轉，所以當她要進入位於對向道路的店家時，都會右轉三次，甚至六次。即使沒到那麼誇張，但有不少人會認為：「雖然對向有一家便利商店，不過還是不想在這裡左轉，不如再往前開一點，去右邊的便利商店好了……。」

當對向車道一直有車子呼嘯而過，這時如果又想要到對面，就必須等待轉彎的時機，此時來自後方車輛的沉默壓力，更讓駕駛人焦慮。

不過，馬路上有一個區塊，即使是不擅長右轉的人，也能在此沉著的轉

圖 6　導流線讓轉彎的駕駛更安心。

彎，請參照圖6。圖中斜線的部分，就是沿著馬路中央線、被稱為「導流線」的空間，只要有導流線，駕駛人就能在此區塊先停車，再等待轉彎時機（按：臺灣稱槽化線，但按《道路交通標誌標線號誌設置規則》規定，槽化線是不可跨越的，須注意）。

由於從後方來的車輛依舊可以通過，因此無論等多久，都不會被抱怨。事實上在日本，以丸龜製麵為首、包含薩莉亞（Saizeriya）義式餐廳等，以家庭客層為對象的大型餐飲連鎖店，都會在有這類導流線的地方開店。由於這類店家也有許多客人會帶著孩子，因此都會顧慮到開車來消費的母親。

雖然並非所有路邊店鋪都採取這種做法，但我時常認為沿著大馬路開店的丸龜製麵、薩莉亞義式餐廳，都是開在符合理論原則的地點上。儘管大家很容易認為，這些店家因為是大型企業，不管開在哪裡都能賺錢，但正因為他們在考量開店地點時，都希望盡量讓顧客覺得方便進入，才能維持連鎖企業的受歡迎程度。

時代不同，便利商店的停車場越來越大

路邊的便利商店，特別是位於郊區的店面，現在都設有寬敞的停車場。在便利商店開始增加的一九七〇年代，印象中停車場多半是如下頁圖7上圖這樣的配置，都是緊挨在店家前，大約有四至五個車位的大小，駕駛人要從馬路開進去。這種類型的停車場雖然方便停車，但要把車開出來，就相當不容易了。因為車位也不大，所以駕駛人只能直接倒車，一面留意後方，一面小心翼翼的把車開出去。對於不善開車的人來說，算是很討厭的設計吧。

如今，圖7下方這種停車場配置已經成為主流，像圖7上圖這類便利商

圖7　便利商店停車場，今昔大不同。

・過去的便利商店停車位方便車子開進去，但出來就難了。

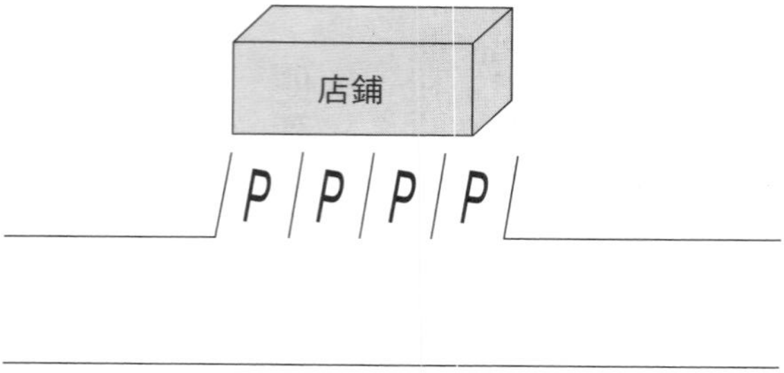

・近來的便利商店停車位越來越大，方便車子開出來。

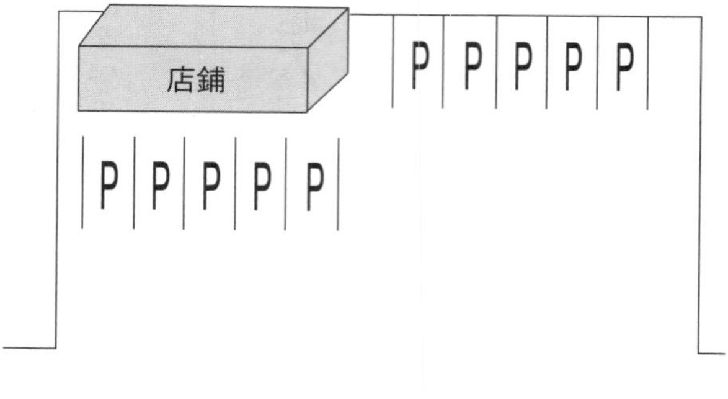

店，幾乎已經看不到了。哪一種對駕駛人來說比較方便，可真是一目瞭然。過去的便利商店占地都是一百坪左右，現在平均則有六百坪這麼大。而且，建築物本身的規模大致上沒有改變，所以變大為六倍之多的，都是停車場。足以停入大約十輛汽車的便利商店，一直在增加。

尤其在車速快的道路上，大型車輛較多。舉凡幹線公路、國道交流道、省道等長距離移動的卡車高速奔馳的道路，沿線開設的便利商店不僅停車位寬敞，也常以大型車專用尺寸來劃分車格。對於便利商店來說，大型車輛的駕駛顧客增加，和營業額的提升大有關聯。因為長距離駕駛的客人，會購買的商品數量也比較多。

就像這樣，因應時代的演進，需要的店鋪地點布局也不停改變。過去大眾認為便利商店「只要開店就夠了」，但如今便利商店到處都有，因此也開始找尋方便顧客利用的地點。而且，為了能比其他連鎖便利商店吸引到更多顧客，在選擇地點時更要費心思量，藉以謀求彼此之間的差異。

圖 8　招牌低一點，從駕駛座向外看出去才看得到。

招牌不是越高越好

為了讓駕駛人知道店鋪的存在，越來越多便利商店，將招牌高度設置得比一般店家的還低。招牌會安裝在距離地面兩公尺到三公尺左右的位置，這都是為了符合駕駛人的視線高度。

原本的店家招牌，高度都落在二十公尺到三十公尺左右。招牌裝設得較高，才能讓駕駛人即使從稍遠的地方看，也能立刻知道有一家便利商店。然而，當駕駛人持續開車，反而很難看得到高度這麼高的招牌，離店家越近，就越看不到。因為開車時都是維持著坐姿，看不到也是理所當然。**特別不容易發現**

招牌的，就是那種筆直的、種著行道樹的道路。因為路樹會和招牌連成一片。

這和營業額關鍵因素之一的②認知度有關。認知度雖然分為能見度和周知度兩種，但在這個案例中，我們要探究的是評估看得見或看不見的能見度。也要考量到因為行道樹遮蔽，而讓駕駛無法從駕駛座看到店鋪的情況。

為了避免這種情形發生，越來越多店鋪開始採用高度較低的招牌。既能夠符合駕駛人的視線高度，也不會隱沒在樹叢中，正好是提高能見度的最佳解答。

5 店面小，就模仿得來速

要在路邊開店？還是要在車站前或鬧區開店？最初開設店面的位置，對於後續的展店具有重大意義。在路邊開店獲致成功的店家，之後以相同模式在路邊持續展店，比較容易成功；而在車站前大受歡迎的店家，後續也用類似的方法把店開在站前的位置，才能順利營運。

有些連鎖店從路邊的店鋪發跡後，便不斷的在路邊展店並擴大規模；但一旦將店開在車站前，就陷入困境。我將在第三章說明，對於店家來說最好的操作模式（收銀檯、客席配置等店內配置），會因為地點布局條件的不同，而有所變化。

若以清楚明瞭的例子來解釋，一家車站前的漢堡店，和一家位於路邊、有「得來速」服務的漢堡店，它們的操作模式就天差地別。

在一般類型的店鋪裡，接受點餐的店員和送出餐點的店員，通常會是同一個人。儘管有時會因為客人較多而要拿號碼牌，那麼負責送餐的可能就會是不同的員工，但如果在櫃臺點餐和結帳時，商品就製作好了，就會由在現場接受點餐的店員送餐。

另一方面，得來速則是顧客在入口處附近的窗口，對著店員或麥克風點餐。之後一面將車子移動到店鋪周邊，一面等待餐點製作完成。最後抵達店鋪的交付窗口時，再一手交錢、一手拿取商品。

如此一來，首先店內的人員配置就不一樣了。得來速是排成一列的車輛依序點餐，因此接受點餐的店員只要一人就足夠；將商品拿給駕駛者的店員，同樣只要一人就能處理。而在店內櫃臺面對面點餐的模式，由於收銀時就有好幾條線，光靠一人不可能應付得來。

這就是操作模式的差異。就像漢堡店有專屬於漢堡店的最佳操作模式，各種業態、各家連鎖企業也都有它們最好的模式。在能夠實現該模式的地方開店，才是最理想的。

順帶一提，有得來速的店鋪特別有機會賺錢，交通流量高的道路沿線就是如此。當駕駛人正在趕路時，無須下車就能方便購買，這個特點可是相當吸引人。

在店鋪空間有些狹小的情況下，得來速更是有效。當無法預備足夠的座位數量時，如果採用得來速，就能增加外帶顧客的數量，進一步確保營業額。

因此，即使你的店是個人經營的餐飲店，也別因為店面小就放棄。如果可以模仿得來速的模式、提供外帶服務的話，就能爭取到這一類客群。最近，舉凡串燒居酒屋的串燒，還有義大利餐廳的正統窯烤披薩等，有越來越多的私人餐飲店，開始提供外帶服務。你也能透過連鎖店的展店模式，學習到這種觀點。

6 想享受區域效果，人口流量得夠多

最近在日本，經常會看見「TSUTAYA」、「GEO」這類影片出租店，都開在緊鄰著便利商店隔壁的位置。他們是立基於這種思維來拓店的：「順便把店家各自的顧客招攬進來，藉由各家店鋪的加乘效果提升營業額。」這一種開店模式，也就是以「區域效果」為目標的模式，正逐漸增加。

租了電影DVD後，順便在便利商店買一些看DVD時解饞的零食——這很自然，即使一開始沒有要買零嘴，可是當你剛好發現隔壁就有一家便利商店時，你應該也能理解這種「順便一起買」的心理。

又或者，有時候好幾家店鋪會緊鄰在一起。例如你在日本逛街的時候，是否曾經看過「Bamiyan」（中華料理）、「魚屋路」（迴轉壽司）、「夢庵」（日式料理）並排開店的情況？或許有些人曾有這樣的經驗：外出用餐時，在還沒決定要吃什麼之前，會先聊一聊：「總之先去那一帶看看，到了之後再想吧。」

其實，因為這三家餐廳全都是「SKYLARK」企業經營的店，才會緊鄰在一起，但它們提供的餐飲種類不同，所以這也可說是自家公司內部，所創造出來的區域效果。

也有一種情況是，好幾家企業並非同屬一家母公司，卻在同一條大馬路上開設各式各樣的餐飲店。如果每一家店都大排長龍、門庭若市，那麼在品質、數量上，便會與其他家店鋪產生良好的平衡。要是店家超出了一定的數量，就會導致競爭店家產生供給過剩的問題。如果只有人氣商家賺錢，其他店家都同歸於盡，那麼區域效果就蕩然無存了。

如果同一條路上有五家義大利餐廳，或是三家壽司店，難免有些店生意好，有些店生意差，顧客會集中到某幾家店也是理所當然的，請注意店鋪和人口之間的平衡。只要有足夠的人流，那麼就算大同小異的店家有三十家，也不成問題。像澀谷、新宿就是這樣的城市，有許多價格便宜、用餐時又不必拘束小節的居酒屋，密集的出現在街道上。

然而，如果在人口較少的地方，卻有多達三十家的店鋪，就已經是過度競爭了。要經營餐飲店，必須考慮「**店數和人口之間的平衡**」來開店。

7 成行成市的好處，也可能血流成河

購物中心裡頭，通常都會有旅行社，舉凡「JTB」、「H.I.S.」或「近畿日本Tourist」，有許多人都曾使用過他們的服務。

在此，有個問題要請教各位：假設有A、B兩家購物中心，A是在單一區域聚集了好幾家旅行社，B則是好幾家旅遊行社分別位在購物中心的不同位置。你認為哪家購物中心「各旅行社的總計營業額」會比較高？

答案是，在單一區域聚集了好幾家旅行社的A購物中心。當相同的業態聚集在一起，就會因加乘效果而提高營業額。也許有人會想：「附近有許多相同行業的店鋪，他們不是應該會因為互相競爭，而導致業績不佳嗎？」

請試著想像一下，如果你把自己當作顧客，情況會如何？如果旅行社聚集在同一處，那麼也很容易比對各家店發送的廣告手冊。如果看到店裡有很多顧客在諮詢，就可以隨機應變的決定：「選那家還有空位的旅行社吧！」只要能讓顧客意識到「總之去那裡，就可以獲得旅遊情報」，就能讓他們認為這是可以數度前往、利用的地方。

我認為，這樣的開店模式，是地產開發商對企業端提出的方案。只要優先考量方便顧客的店鋪配置，這樣的店面就開得成。至於開店的一方，如果群聚在一起更能創造營業額，也就會想在能鎖定加乘效果的位置開店吧。

然而，我們無法肯定的說：「相同行業型態的店鋪，一定要聚集起來比較好。」買賣的世界沒有那麼簡單。即使只在東京都內，也有很多情況是，同樣業態的店鋪不是開在購物中心等地方，而是位在鄰近的街道或地區。

例如，貫穿東京目黑區的目黑通，一般都稱這裡為家具街，因為這裡有多達六十家的商店都在販售時髦家具，所以不知不覺中就有了這樣的稱號。

只要鄰近處有各式各樣的家具店，顧客就能輕鬆的比較商品。多次搭乘大眾運輸工具去各家店比價是很辛苦的，但如果店都在同一條路上，在天氣好的日子裡走走看看，也十分有趣。由於許多人一開始就是為了看家具而來，因此購買的可能性想必也很高。從這層意義上來看，我非常贊成相同業態的店鋪聚集在同一區域。

然而，希望各位留意，在同業聚集的區域開店，並不一定都能成功。會在這類區域成功的店鋪，都是商品吸引人、擁有足以迎戰其他店家的競爭力。往同業群聚之處開店，也是跳入競爭激烈的紅海中。

我也曾多次造訪目黑通，那裡有長久經營的店鋪，有些時候也會讓你驚訝：「咦？那家店怎麼不見啦？」和同業比鄰開店時，是否能提供比其他店家更優質的商品，是否能確立出色的品牌，這些才是最該重視的關鍵。

8 門前車速快，營業額無法提升。怎麼辦？

即使是相同距離的道路，在該道路行駛的車輛車速有多快，也會對開店帶來影響。舉例來說，行駛在住宅區街道等一般道路時，車輛的速度通常不過快也不過慢，就是一般車流的印象。如果必須慢慢開，當然就容易塞車。

各區域的幹線道路，基本上車速都很快，汽車都是急速呼嘯通過。而通過的車輛車速越快，沿線店鋪的營業額就越無法提升。即使道路的交通流量大，也必須留意這一點。

舉例來說，日本的「國道16號線」是一條從神奈川縣前往東京都，進入埼玉縣後再貫穿千葉縣的幹道，由於路線涵蓋的範圍遼闊，因此物流等產業經常使用。因物流工作而利用這條道路的駕駛，並不是為了私人目的，而是因工作而開車，所以總想要盡快抵達目的地。如此一來，這些駕駛人在開車時，就不會慢慢的經過某家店了吧。因為「順道去店裡買東西」的情況原本就不多。

雖然在門前道路車速快的地方開店不一定不好，不過如果要這麼做，那麼門面小巧的店鋪絕對不會有人發覺。不僅**進入店家用地的入口寬度**是如此，**店鋪的門面也應該拓寬**才是。

這是為了不讓駕駛人錯過你的店，也是假設移動範圍大的大型卡車較多，你必須確保店鋪用地的大小，使這些車輛在進入時，不會因卡住而無法動彈。如果是一般生活用路（按：日文原文為生活道路，是指在當地生活的人為了通勤、上學等目的，從住家連通至主要幹道時利用的道路），即使店家門面狹窄也還進得去；但車輛行駛速度越快的道路，為了確保營業額，也該設法讓顧客注意到你的店。

道路性質不同，掛招牌的方式也得不同

縱使是每日通行一萬輛汽車的道路，性質也各有不同。有些道路是一萬

輛汽車以高速通過，也有些是當地居民行駛的馬路。車流量雖然同樣都是一萬輛，從性質上來看卻迥然不同。

因此，我們**不能單純只從交通流量的層面，看待道路**和路邊的位置。某條路屬於哪一種道路？**是長距離移動的幹線道路，還是當地居民的一般生活用路？也必須確實觀察**才行。

例如，就像前文所述，在較多卡車長距離移動的跨區域幹線道路上，車速都很快；另一方面，住宅區的一般生活幹線道路，則多是由女性用來接送孩子、購物，通常以輕型汽車悠閒代步居多。

以這兩種道路來看，如果從能見度的角度思考，設置招牌的位置就不一樣。各位在跨區域幹線道路等，行車速度較快的路上開車時，應該會經常看見**大型招牌**吧？招牌上通常寫著「麥當勞、前方三公里」，這樣的招牌就叫做戶外招牌（按：日文原文為「野立て看板」，是指為了讓路人或乘客看見店鋪資訊，將其引導前往店家而設置在道路旁、巷弄或田地等位置上的廣告看板）。

店鋪要在路旁設置招牌，常見的做法是在距離店鋪三公里、一．五公里、一公里、五百公尺這四處設置。「距離店鋪三公里」的招牌，雖然會讓人感覺還有一大段距離，但如果不**在三公里外就先讓駕駛人有個概念**、思考：「要去嗎？怎麼辦？」那麼轉眼之間，他們就會路過店門了。

在路旁設置大型戶外招牌，費用並沒有那麼貴。依據不同位置，也有些非常便宜、一年租金不過三萬日圓（按：約新臺幣八千一百元，全書匯率以一比〇．二七計算）的類型（招牌製作費用另計）。如果金額不高，與其不製作招牌，還不如設置一下更好，不是嗎？

若是一般生活用路，設置招牌的範圍就不需要那麼大。比起擴大設置範圍，為了讓更多消費者對店鋪周邊有所認識，像是設置廣告旗幟，或是用發送傳單的方式，應該都是更好的做法。

9 地點差，就得創造體驗

能輕鬆用餐的自助式烏龍麵連鎖店，在東京都內也日漸增加。取餐、回收都由顧客自行處理的自助式服務，就是這類店鋪的經營型態。

在這些連鎖企業中，目前營運狀況最好的，就是目前仍在日本全國展店的「丸龜製麵」（按：目前也已在臺灣展店）。雖然它有不少分店是開設在購物中心的美食街，不過更引人矚目的，還是位於路邊的大型店鋪。然而，這類店家的地點，和我平時認為的「好位置」，感覺有一點不同。

如果單純從地點好壞來說，丸龜製麵並沒有什麼特別之處，或讓人感到意外的地方，印象中都是依循基本概念開店。但讓我覺得很棒的，就是它們總會讓客人覺得「好想去這家店」，讓顧客帶著某種目的前往消費，這一點做得非常好。

請想像一下郊區路邊的丸龜製麵。在大型店鋪旁寬闊的停車場，停放著成排的車輛，假日時更有許多父母帶孩子來用餐，生意十分興隆。

丸龜製麵之所以如此吸引家庭客群，原因就在於它和其他餐飲連鎖店截然不同的「臨場感」。走進店裡，顧客先選擇烏龍麵的種類，再把托盤放在取餐檯上，就像等待吃到飽自助餐一樣的排隊前進。這時候，你可以將好幾種天婦羅炸物放在盤中作為配菜，眼前還能看到店員製作烏龍麵的實況。

當店員揉製烏龍麵團、放進專用機器，麵條就會切好、滑順的擠出機器，這景象深受孩子歡迎。把麵條燙熟、俐落甩乾湯汁的店員，還有技巧熟練的油炸天婦羅的店員……顧客能一面欣賞他們的工作情形，一面排隊、等待結帳。

就是這樣的臨場感，徹底抓住了孩子的心。在餐飲連鎖店中，幾乎很少有「看見料理製作過程」的型態。多數連鎖店的廚房，不是在顧客看不見的內部，就是只能看見一部分的作業而已。

以「在顧客眼前烹調食物的實況廚房」為賣點的餐飲店，通常都是時髦的餐廳、鐵板燒，或非迴轉壽司型態的壽司店，這些也是家庭客群很難走進去消費的類型，因此，親子能一起觀賞，從最初步驟開始製作烏龍麵的景象，便和其他店家產生了區隔。

事實上，對於在路邊開店、以家庭客群為主的餐飲連鎖店而言，營運的關鍵就是如何抓住孩子的心。只要能讓孩子具體說出店名，表明：「我想去那家店！」父母自然就會回應：「那今天就去你說的那家店好了。」

這樣的娛樂性，是吸引家庭客群相當有效的手法。「河童壽司」（Kappa Sushi）等迴轉壽司連鎖店，流行的模式是在點餐之後，就會有一部新幹線迷你列車模型，將壽司送到顧客面前；也有店家是讓壽司自動停在顧客的座位，吃完後便將空盤投入回收處，像是在玩遊戲一樣。

有趣的店鋪設計能讓帶著孩子來用餐的顧客，覺得「好想再特地來一趟」，這正是在餐飲連鎖業中，得以大受歡迎的必要條件。

重點整理：街道的地點布局戰略，你得學會這套真傳祕技

・在十字路口處，要以交通流量大的道路為基準，掌握「受角」的地點，才是最佳選擇。7-ELEVEN 這類商店，都確實做到這一點。

・入口狹窄、不易停車、顧客離開時不太敢倒車等，這類的心理障礙會減少回客率。

・相同業態該聚集，還是分散據點？要以「與人口之間的平衡度」來取決。

——領會人類心理的戰略，就在路旁。

第2章

開店找點？向群雄割據的便利店討教

全日本有五萬六千多家的便利商店（按：二〇二二年一月資料），超商業界之所以如此著力於地點布局戰略，與市場持續呈現飽和狀態大有關聯。（按：根據公平交易委員會的統計，臺灣的便利商店數，在二〇二〇年年底達到一萬一千九百八十五家。）

所謂的「好地點」，其實早就都是便利商店了。儘管日本全國每年會有五百家店鋪關門大吉，但仍有一千家店鋪新開張，便利商店就是這樣頻繁汰舊換新（Scrap & Build）的行業。**雖然人們都說：「已經沒有地方可以開店了。」**但為了盡力尋求好地點，並找出無人察覺的地區中隱藏的需求，**便利商店業界仍晝夜不停的持續研擬地點布局戰略**。

在本章中，將告訴讀者便利商店業界充滿智慧的地點戰略。我時常驚嘆於他們的戰略，因此總是對關注中的業界、同時也是便利商店以外的業界客戶說：「你們應該留意便利商店的展店策略。」從強打商品到目標客層，每家連鎖企業的做法不盡相同，只要能夠了解他們的開店策略和執行模式，不僅能看出地點布局戰略的有趣之處，甚至也能一窺商業交易的祕訣和嚴峻之處。

1 要開一家便利店，背後還有這些糾葛

首先，在此概略說明一下，便利商店業界是如何決定開店地點的。也許你會認為，挑選地點時都是一些優秀的專家明快處理的，但其實從競爭激烈的程度來看，業界也有令人料想不到、充滿糾葛的一面。

便利商店的開店地點，基本上都是由總部決定，加盟店的模式也是如此。在加盟店模式中，原本情況多半為：「過去曾是販售酒品的商店，後來店主希望改成便利商店，於是成為加盟主。」然而時至今日，這種流程已不復見，比起加盟主在本身持有物件的地點開店，有越來越多模式是總部找到物件以後，再配置一位加盟主開店。

此外，其中也有些案例，是同一位加盟主經營好幾家店，但這種方式既有優點，也有缺點。

從總部的角度來看，優點是開設分店時，公司不需要尋找新加盟主，只

要第一家店獲得了某種程度的成功，那麼只要再次委任同一位加盟主即可；而從加盟主的角度來看，優點當然就是整體收入提升。

至於就總部方面來說，缺點則是一旦將好幾家店交給了同一位加盟主，那麼可以想見，該加盟主的發言權將會增加。即使公司因區域內有好物件，而打算委任其他加盟主，對方也可能會說出「讓我來做吧」這類的話。為了避免這種情況，某些案例是設定限制，規定每位加盟主，最多只能擁有三家店或五家店。

另一方面，也有些情況是由法人經營者，同時經營多家店鋪。以便利商店 LAWSON 來說，東急電鐵（東京急行電鐵株式會社）就是其加盟公司，因此店鋪會開在東急線的車站月臺或車站內部。

就像這樣，便利商店的店鋪之上會先有加盟主，再往上還有總部；關於地點布局的工作，基本上都由該總部負責。至於總部如何尋找地點？答案將在後續說明。當然，沒有實際嘗試開店，也不會知道該地點是否真能開創好業績。

不過，挖掘出大量好地點，能讓許多顧客覺得「期待了好久！」、「這裡開了一家便利商店，變得好方便！」，才是便利商店連鎖企業最重要的課題。後面將會為各位介紹，專業人士在選擇地點布局時，有許多案例都是**在外行人意想不到的地點成功**。

2 好店面如今已所剩無幾

連鎖店追求的指標之一，就是在同一連鎖體系中，分店數達到一千家。一個連鎖店會讓許多人覺得「走在路上經常看到」、「不管走到哪裡都看得到」，其展店數多半都已經達到一千家左右，甚至更多。

例如在日本，優衣庫（UNIQLO）有八百四十六家（二〇一六年五月底數據），羅多倫咖啡有一千一百零九家（二〇一六年八月底數據），星巴克咖啡（STARBUCKS COFFEE）有一千一百九十八家（二〇一六年六月底數據），多拿滋（Mister Donut）甜甜圈有一千兩百七十一家（二〇一六年三月底數據），日本家庭餐廳GUSTO有一千三百五十七家（二〇一六年九月底數據），摩斯漢堡有一千三百六十家（二〇一七年一月底數據），麥當勞則有兩千九百家（二〇一六年十月底數據）。這樣看來，你應該就能了解店鋪數量和民眾認知度之間，有某種程度的關聯。

一家旗下擁有一千家以上分店規模的企業，經營高層當然不會直接接觸店鋪開發事務。如果是營運少數店鋪的企業，有些情況是由經營者（多半也是創業者）自己前往視察候選的位置，再決定是否要開店；如果成長為大型企業，就會由專責開發店鋪的部門，負責擬訂地點布局戰略。

然而，即便總部對店鋪開發部門下達了「今年內要開一百家店」的指令，假設這一百家分店全都開在好地點也就罷了，但現實上很困難。就像本章開頭提到的，**對於便利商店而言，有相當魅力的地點，目前已經所剩無幾**。

因此，即使心裡認為：「就算把店開在這裡，也不會賺錢吧？」、「這個物件的店鋪面積並沒有那麼大，條件算是差強人意⋯⋯。」但為了達到展店一百家的業績目標，還是會勉強開店，這種情況也有可能發生。

因為店鋪開發部門都想要完成上頭交辦的任務，也就是達到目標展店數。事實上，負責店鋪營運的部門是營運總部，和開發部門是不同的單位，因此即使店鋪的營業數字不怎麼出色，這項評價也可能不會對開發部門造成什麼影響。

如此一來，只要店鋪開發和店鋪營運分屬不同部門，當店家的營收低落時，就會變成雙方互相推諉卸責的情況：「營運得這麼差，這怎麼成啊！」「不，是因為當初在開發時，就沒有掌握到好物件，所以賺不到錢。」這真是所有公司都常見的結構性問題。便利商店的店鋪開發也一樣，不是只要開一堆分店就好，單用普通的方法是行不通的。

3 「地點學」從個人獨家情報，變成一套方法

明明隸屬於同一家公司，就應該要朝著相同的目標邁進，部門之間卻發生爭端——從某個角度來看，這也不無道理。「店鋪開發」是項特殊工作，某種程度來說，其性質偏向不動產公司的工作。而從事店鋪開發的人，與其說他們是在同一家公司裡往上升遷，倒不如說，其實是經常在各家不同的公司之間游走。

你能明白這是什麼意思嗎？換言之，如果是在便利商店業界，一個曾在 7-ELEVEN 從事開發事務的人，便會轉職到 LAWSON，而後又到全家便利商店（FamilyMart）去工作，就這樣在業界各公司之間不斷流動。依據狀況的不同，他們還會進入其他的餐飲連鎖企業，總之就是一種「橫向移動」較為頻繁的行業。

而公司也未必會提供物件的資訊，這些資訊都是負責店鋪開發的人員，各自奔走、自行調查後才能逐步累積。因此，比起從公司內部訓練新人、培育成店鋪開發負責人員，業界更常採用的模式是中途錄用，亦即錄用原本在不動產公司就吃得開的人，或是挖角正在某公司從事店鋪開發工作的員工。你不覺得，他們簡直就像是「便利商店業界的傭兵部隊」嗎？

怪不得，擁有這類資訊的負責人，都會不斷拓展自己的獨家情報網，並從這些資訊中判斷：「這個物件要列入候補名單。」、「這裡的物件就先保留。」因為這些都是足以當成吃飯工具的情報。要把這些資訊告訴別人、或是拱手讓給後輩、同事，就人類心理來說，可沒那麼簡單，相信你也能理解。

就這樣，一個部門裡聚集著「**身懷獨家情報、在不同公司之間流動的人**」，無論如何，對公司的忠誠度都會比一般部門的員工更容易下滑，我認為這在某種意義上，也是無可奈何的。

總之，為了要達到業績目標，他們會從手上的物件清單，找出開店的好選擇，因此就很難努力去做「我要去尋找更棒的地方」、「再努力找出更有機會賺錢的據點」這類工作，這就是目前的現況。

最近，有越來越多企業希望將容易「屬人化」（只有特定人員能做）的店鋪開發工作，變得更有結構性，因此開始考慮從頭培育出從事店鋪開發的員工（按：某些公司為了企業機密，會讓特定人員負責某種業務，使其成為領域中，唯一清楚該業務執行方式的人）。這也是理所當然的吧。一個肩負著公司重要職責的部門，若是爆發糾紛，或總是難以和公司之間建立信任關係，自然會讓人不安。

將店鋪開發的所有工作化為固定流程，那麼無論由誰來負責，都能得到同等結果。協助企業執行這類整頓，正是我目前任職的公司所做的工作。從規劃開店策略開始，我們把挑出適合物件、加以判斷，直到開店為止的一連串步驟化為流程，並使其成為固定機制——這類委託案件的數量，每年持續增加。

4 即便捨棄了地點，也別捨棄整個區域

有一家公司，對於著重在展店數業績的開發部門，採取格外嚴謹的態度，它就是 7-ELEVEN。大家都知道，在這個「7」字商標下的最強大便利商店連鎖體系中，店鋪開發部門調查物件後提出的土地評價，都是由總部在公司內進行各式各樣的分析。如果得出的結論是：「這個物件的評估報告，有點不對勁。」他們就會實際前往該地點勘查，並再次確認評估內容。

在認真調查物件後，是否要將評為「的確可行」的物件呈報總部，還是要以店鋪開發部門的評估為判斷基準。我一直認為，能夠徹底實行這一點，就是 7-ELEVEN 強大的原因。因為以地點布局戰略為基礎開設的分店，才是便利商店的命脈。

7-ELEVEN 的店鋪開發中最值得一書的，就是他們堅持貫徹：「即便捨棄了地點，也別捨棄整個區域。」

基本上，企業都是在經過充分驗證、反覆斟酌之後，才會在「預估合乎損益的區域」開店，因此只要開店一次，就不可能輕易棄守撤退。假使在該區域中的A物件，開設的門市營業額不佳，那就會關閉這家店，接著在同區域裡預期更能賺錢的B物件開店。他們就是如此持續的在固定區域中，一面變更位置、一面開設店鋪。這就是為什麼經常會出現這種現象：「前陣子還在那裡的 7-ELEVEN，竟不知不覺的換到這邊來了。」

即使在優質區域開了一家店，他們也不會就此滿足。就算只是往旁邊移動幾家店的距離，只要一找到更好的地點，他們就會把店搬過去。7-ELEVEN 真的徹底的執行這件事。

話說回來，一提到日本 7-ELEVEN 的門市，各位有什麼印象？恐怕許多人浮現腦海的，都是咖啡色系的紅磚色建築物吧？設置在大樓內的 7-ELEVEN，或許較不容易看出來；不過他們位於路邊的店面，幾乎都是紅磚色、長方形的平房建築。很多人從遠方一眼就能看見磚紅色的建築物，馬上就知道「**啊！**是 7-ELEVEN」，這也是它的強大之處。

經常一邊觀察街道、一邊逛街的讀者們，或許也曾有以下這種經驗：原本以為某間磚紅色屋子是 7-ELEVEN 超商，仔細一瞧，才發現是別的店家。明明外觀就是 7-ELEVEN 的樣子，內部卻可能是日間看護中心、補習班等截然不同的承租者。

這是因為，原本該店面曾是一家 7-ELEVEN 超商，而後該門市移轉，又有其他行業在這個物件開店的緣故。而且，通常再往前二十公尺左右的路口，就會有一家真正的 7-ELEVEN。這恐怕也是基於「因為該路口的交通流量較大」、「因為停車場較寬敞」等理由，才會遷移至此。

首先，在競爭店家還未出現時，就先在關注的區域中開一家店，而後只要發現了可能會提升營業額的好位置，就從原本的位置搬過去，再開一家新店。7-ELEVEN 就是用這種方法，在區域內不斷拓展。

他們的強大之處在於，並不是開了門市就結束，而是在開店之後，依舊持續驗證接下來怎麼做。他們不斷思考：「現在這個地點，真的是最好的嗎？」、「附近有沒有更賺錢的據點？」如此不斷追求更好的位置。「即使捨棄了地點，也別捨棄整個區域」，如此貪婪的開店策略，值得我們學習。

5 頂級商業區，開店賣低價品

提到東京惠比壽，各位腦中有什麼印象？坐落著許多時髦商家、藝人也在此居住的高級住宅區，同時總是在「最理想居住區域」排行榜中名列前茅……應該多半是這樣的印象吧。

的確，惠比壽車站有掌握流行時尚的購物大樓，大量的人潮在此交會，也有當紅的餐飲店櫛比鱗次。往南邊的目黑方向走，就有一棟建在札幌啤酒工廠舊址的惠比壽花園廣場（Yebisu Garden Place），不僅國內遊客如織，更有許多海外遊客到訪。如果走進西側代官山一帶的小巷弄，還會發現有許多高級餐廳、精品小鋪這類，如同祕密基地一樣的店家。

在擁有如此街景的惠比壽，卻開了一家以便宜為賣點的「LAWSON STORE 100」。和平常熟悉的便利商店 LAWSON 的「藍色牛奶瓶」商標不同，

「LAWSON STORE 100」的商標，是在綠色招牌上畫了個眼球圖樣設計的「100」——它是一家生鮮便利商店，販售價格區間在一百日圓（按：約新臺幣二十七元）上下的商品。以蔬菜、水果等生鮮商品為主，還有熟食配菜、日用品，再加上低廉的價格、小巧包裝的商品，因此深受單身人士和銀髮族的歡迎。

在形象時尚、高級的惠比壽，開了一家百圓生鮮便利商店……感覺似乎有點不搭調。難道你不會認為：「在這種地方開店，也不會賺錢吧？」

然而，這家店卻在開幕後沒多久，就衝出了極高的營業額！

這家「LAWSON STORE 100」開店的位置，就在惠比壽車站的東邊，正好夾在惠比壽車站和廣尾車站的**中間地段**。究竟它為什麼能在這種地方，創造如此卓越的業績？

在這個遠離車站喧囂的地區裡，密集坐落著許多古老的獨棟式建築，整體氣氛和充滿都會感的站前地段明顯不同。其實，這一帶過去曾經是工業地段、坐落著螺絲店、鐵工廠等小型工廠，如今則被指定為準工業區（按：主要是針對不會有環境惡化疑慮的工業，為了增加其便利性而設定的區域，其中也可建設住宅及店鋪）。人潮聚集的商業設施，絕對只能設立在惠比壽車站前。

讀到這兒，你應該看出一些端倪了？

沒錯，「LAWSON STORE 100」之所以會在這裡展店，就是因為過去這附近，缺少專為該區的居民開設的便宜超市。在車站大樓裡，已經有一家走高級取向的超市「THE GARDEN」，但對於一直住在獨棟平房的當地居民來說，不僅離家遠、商品價格也貴，所以開在附近的百圓生鮮便利商店，還比較符合需求。也許價格昂貴的高麗菜的確很美味，但平常自己要吃的分量，只要一顆一百日圓的高麗菜即可解決——在惠比壽，許多居民都抱持這種想法。以消費者的立場來看，相信你也能理解這一點。

惠比壽的案例雖然極端，不過包含車站周邊的商業區樣貌、前來造訪的客層、氣氛以及繁華程度，和實際長年居住在該地的人們，在地區之間有著極大的差異，這樣的情況其實並不罕見。

只要稍微遠離站前地段，你就會看見一座印象迥異的城市——其實各地都有這樣的區域，不是嗎？

光憑印象來考慮開店地點之前，最重要的是確實觀察當地的市容，看清該地區或這一座城市中，居民的需求是否真的與「自己想開的店」相呼應。

6 挑戰者創新求變，老大哥不變應萬變

一般認為，便利商店的主要客層，是四十多歲的男性上班族。幾乎每一家便利商店連鎖企業都是如此。因此在某種意義上，如何增加女性顧客，在便利商店業界已經成了最重要的課題。便利商店近代史，也可說是一段從反覆摸索中、找出最佳方案的歷史。

每家超商一致著力於甜點販售，這也完全是為了拉攏女性顧客。「即使不去咖啡廳，在附近的便利商店，也能用實惠價格買到這種口味的甜點」——大家都以此為賣點，「甜點戰爭」依然持續中。

各家超商都想盡辦法抓住女性顧客的心，而 LAWSON 致力於增加女性顧客而發展出來的，就是「NATURAL LAWSON」。該系列同樣換掉了原本的藍色 LAWSON 招牌，底色改為胭脂紅，以能讓人感受大自然氛圍的太陽、植

物圖樣為標誌。

NATURAL LAWSON 以吸引女性選購的菜色、食材、分量設計出熟食配菜，也開發出蔬菜汁等健康取向的原創品牌商品，還有在一般便利商店買不到的稀奇點心、飲料，雖然價位高了一些，但都讓女性顧客忍不住買單。

從二〇一六年十月開始，NATURAL LAWSON 城市咖啡館示範店，也推出了一種去除九七％咖啡因的「MACHI café 低咖啡因咖啡」。在講求健康的女性群眾之間，無咖啡因咖啡也成了關鍵字，這果然還是以女性客群為訴求的戰略。

此外，LAWSON STORE 100 的拓展也以家庭主婦、銀髮族為目標客層，便當等類也擺放了分量較小的商品。

然而，儘管業界以各式各樣的手法推陳出新，但**要改變「超商主要客群為四十多歲男性」的現況並非易事**，為了增加年輕女性客層，便利商店將持續摸索新方案。

LAWSON 為了**符合客群而改變了營運方式**，日本的全家便利商店也不斷嘗試**因應地點來調整業態**。全家超商雖然都是以綠、白、藍三色的清爽配色招牌滲透大街小巷，但想必也有人在中心商業區，看過商標上以黑底白字寫著「FAMIMA!!」的店鋪。或許有人看到後，會想：「咦？全家超商的店面改變風格了嗎……？」

其實，FAMIMA!! 是日本全家的新品牌店鋪，通常都將店面設置在辦公大樓、飯店、圖書館、時裝精品商場等複合設施中。不同於在路邊經常看到的全家便利商店，FAMIMA!! 的外觀從招牌顏色起就令人耳目一新。

以明亮、朝氣為賣點的便利商店，不僅照明充足，店內也幾乎都是以白色系來裝潢；但 FAMIMA!! 採用不刺眼的低調光線，裝潢則統一選擇木紋、黑色系磁磚，整體以黑色、咖啡色的沉穩色調搭配。店鋪在所屬建築中不會太過搶眼，並採用與其相稱的設計。

此外，FAMIMA!! 的特徵是店內設有寬敞的內用區，顧客購買現煮咖啡、剛出爐的麵包、熱呼呼的湯品後，就能在店裡直接享用；同時店內還設置書籍閱覽區，能讓顧客度過悠閒時光。

對過去總是思考著「如何能讓顧客舒適購物」、重視地點的便利商店業態而言，這樣的模式在當時可說是前所未有。「這也是全家超商嗎？」第一次看見的人，應該會驚訝於這種風格差異。FAMIMA!! 便是改變這些既有概念，而發展出來的。

那麼，日本便利商店業界的霸主 7-ELEVEN 又如何？和前兩家因應顧客、地點而改變型態的便利商店不同，7-ELEVEN 並未刻意營造出這樣的模式。他們認為：「便利商店要為所有人打開大門，當人們有需要時，在附近就能找到，無論任何人都能輕鬆前來——這是關鍵。」

這是 7&I 控股公司（Seven & i Holdings）榮譽顧問鈴木敏文的理念。從這個想法出發，7-ELEVEN 不縮減門面，始終打造出無論走到日本哪個角落，任何人一看都會覺得：「這就是 7-ELEVEN 的門市。」

若是在醫院、學校之類的設施拓點，或在適用於日本景觀法（按：由日本地方自治體制訂景觀計畫、規範建築，目的是為了形成能發揮區域特色的景觀，自二〇〇五年開始實施）的地區內開店，7-ELEVEN 就會打造出符合該設施的店面，但**業態依然只堅守** 7-ELEVEN 模式，這一點在海外國家也毫無二致。

或許從本質上來說，7-ELEVEN 的思考方式是正確的，但之所以能堅持到這種地步，還是因為它那持續稱霸業界的實績和自信吧。面臨如此強烈的 7-ELEVEN 衝擊，其他公司必須運用各種方法來迎戰，這就是我目前看到的現況。

7 制式便利店，一點客製化

「POPLAR」便利商店的總公司設於廣島，大紅色招牌上裝飾著一個小樹圖樣的商標，在日本全國擁有將近五百家左右的門市（按：二〇二一年二月時，有三百六十八家）。

在POPLAR，「便當」是最受歡迎的招牌商品。但讀者應該會認為：「可是，明明其他便利商店的便當也很好吃……。」他們賣的究竟是什麼樣的便當？正確答案是，當場將現煮白飯依顧客喜好的量，盛裝給顧客的便當。

POPLAR在架上販售的是只裝了配菜的便當，當顧客拿去結帳後，店員先幫忙加熱配菜，再將現煮白飯裝入便當裡。

「POP便當」能讓顧客盛裝想要的分量、最多四百五十公克的白飯，這是其他便利商店看不到的服務模式，因此獲得許多客人的支持。

如果是你，會把以這種便當為賣點的便利商店，設在什麼地點？最多能裝入四百五十公克的白飯，而且可以選擇喜歡的分量——在其他連鎖便利商店、便當飯量固定的情況下，「POP 便當」的獨創服務，會特別受到哪一種顧客歡迎？正確答案是，從事勞力工作的人。

因此，POPLAR 超商多半把店，開在體力勞動者較多的灣岸地區或港口區域。當喜愛這項服務的客層所在的地點布局戰略奏效，勢強力大自是理所當然，我們也就能理解為何 POPLAR 可以在特定區域、以不輸當地強敵的布局、受歡迎度為傲了。

順帶一提，不僅止於 POPLAR，即使放眼東京都內，灣岸地區的便利商店營業額也都較高。在各式各樣的客層中，客單價（按：平均每人單次消費金額）最高的是卡車司機，或是工廠的作業員。由於灣岸地區是這類職業人士聚集的區域，因此便利商店也都會確保足夠的停車空間，好讓兩到三輛卡車能停在停車場內。

一般的便利商店客單價，通常都在六百日圓至六百五十日圓（按：約新臺幣一百六十二元至一百七十六元）之間。然而，許多卡車司機之類的顧客，都會購買至一千日圓（按：約新臺幣兩百七十元）以上。首先，菸品就要花費四百日圓（按：約新臺幣一百零八元），如果還要再買飲料、便當、空閒時閱讀的雜誌等商品，一不小心就超過一千日圓了。和這個數字相比，一般城市店鋪的客單價還是比較低。麵包、咖啡大約三百日圓左右（按：約新臺幣八十一元），便當也大概五百日圓而已，吸菸率也較低。

不同的客群分別會選擇什麼樣的商品、花費多少客單價，都不盡相同。當這樣的**目標客群特徵和店鋪據點相互配合**時，一家生意興隆的便利商店就產生了。

8 法規限制，可以用裝潢解套

談到香菸，吸菸人士應該經常碰到以下這種失望的經驗：「這家便利商店沒賣香菸嗎……？」特別是居住在市中心地區的讀者，對於附近哪家便利商店買得到香菸、買不到香菸（按：臺灣有些位在學校、醫院內的便利商店，也不販賣香菸），應該都瞭若指掌。

日本郊區的便利商店幾乎都會販售菸品，但市中心則是僅限於持有許可執照的便利商店才能販售。而且在日本，不是去便利商店就一定買得到香菸。「把香菸擺出來嘛！」面對顧客這樣的要求，店員的回應通常是：「這個……我們很想擺出來賣，但真的不行。」

銷售香菸的執照，必須向日本財務省（按：相當於臺灣的財政部）申請，才能獲得許可。如果未能比照許可標準，讓自家店鋪和最近的販售香菸商店之間的距離符合規定，就不允許銷售。這套標準是為了保護香菸專賣店而制訂的。日本在二次大戰結束之後，國家為保護失去工作的人而開設香菸專賣店，也為了不讓那些店家立即就倒閉，所以制訂距離保護，這種影響殘存至今（按：臺灣則沒有相關規定）。

所以，即使要開一家新的便利商店，若附近已經有了香菸專賣店，或是販售香菸的便利商店，那麼這家新店鋪就不能賣菸。據說，香菸占了便利商店大約三成的營業額（按：在臺灣則是二〇一八年最高，占三〇・四％）。「買香菸時，順便也買買其他東西吧！」從便利商店的角度來思考，為了招攬這類客群，只要是能販賣的物品，它們都希望擺進店裡頭。

以某家連鎖便利商店來說，有販售菸、酒的門市，每日營業額約為四十萬日圓（按：約新臺幣十萬八千元）（過去酒品也有相關銷售管制，不過現在所有業者都能賣酒了）。不同地區的營業額當然不盡相同，但大致上只要達到四十萬日圓，店家就能獲利。

然而，如果是沒有販售菸、酒的門市，每日營業額就約莫二十萬日圓出頭，僅有四十萬日圓的一半。為了提升收益，業者必須在業務面付出相當的努力。我想，加盟店的加盟主都會想盡辦法銷售香菸。因此，也有店家會採

圖 9　避免香菸專賣店和便利商店競爭的距離限制。

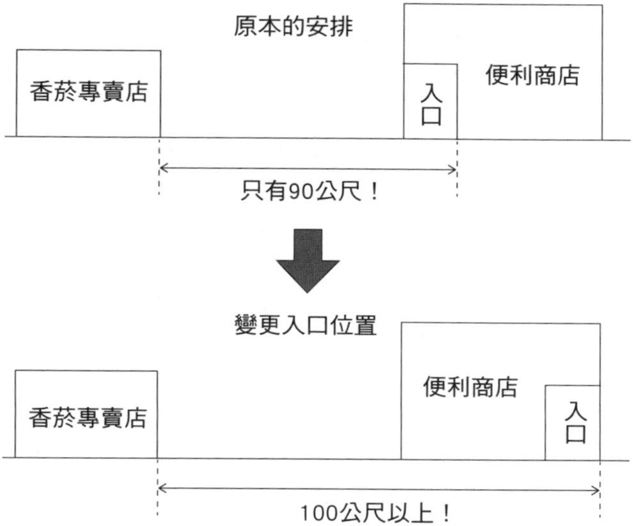

取以下做法。

在指定都市的市區，每家香菸販賣店之間必須間隔一百公尺以上的距離。在這種情況下，原本入口應該開在店鋪左側，但這麼一來和香菸專賣店就僅相距九十公尺，便利商店為了要拿到銷售許可、確保相隔一百公尺的距離，於是刻意改變計畫，將入口開在店鋪之右側（請參照圖9）。

即使是同一連鎖體系的便利商店，有的門市販售香菸、有的門市卻沒有，背後就有這樣的緣由。

9 就算有人潮，別忘了物流成本

在撰寫本書的過程中，有新聞報導指出日本 7-ELEVEN 已經確立了一項營運計畫——於二〇一八年在沖繩縣開店。

7-ELEVEN 雖為業界之冠，但其實它並未在日本全國四十七個都道府縣全部設點。儘管全家、LAWSON 都早已這麼做了，然而截至目前（二〇一七年）為止，唯有 7-ELEVEN 尚未在沖繩縣開店。

剩下一個縣還未開店，也是二〇一七年左右的事。先前 7- ELEVEN 在鳥取縣開店，是在二〇一五年十月，青森縣是二〇一五年六月，高知縣是二〇一五年三月，原本往四國的發展也是以二〇一三年三月的香川縣為最早，一直到前幾年為止，其實還有很多縣內都沒有 7-ELEVEN 超商。

7-ELEVEN 向來都是遵循集中開店模式（優勢策略）來展店的。便當等商品都規定必須**在三小時內，從製造工廠送達門市**，所以為達此目的，工廠建設、基礎設施的整備都很花時間（產地直送是賣點，一旦辦不到，就會成為風險）。

接著，在工廠、基礎設施都完備的時間點上，就會一口氣同時開設好幾家門市。由於 7-ELEVEN 持續以這一模式展店，因此才會發生「過去完全沒有 7-ELEVEN 超商的地區，某天就突然出現了好幾家」的情況。

還有一個重點，除了集中開店模式以外，7-ELEVEN 在決定開店地點時，有一項考量的標準——那就是「人口數量」。事實上，在人口較多的地區，7-ELEVEN 也會有比例較多的分店數，這兩者之間的關係顯而易見。

我認為，「物流成為障礙」是沖繩縣晚開店的重要理由。但鳥取縣、四國的人口數量，在日本全國排名中，也都接近敬陪末座。人口最多的城市是東京都，那麼各位認為，都內 7-ELEVEN 設店最多的行政區會是哪些？答案是足立區、大田區、世田谷區和江戶川區，這些都是在東京都內，人口最多的區域。

這裡請參照下頁圖10。這張圖表示東京都的市區町村（按：日本最底層的各地方行政單位）人口與便利商店分店數的相互關係，調查兩者在統計面

圖10　東京都的市區町村人口與便利商店分店數關係圖。

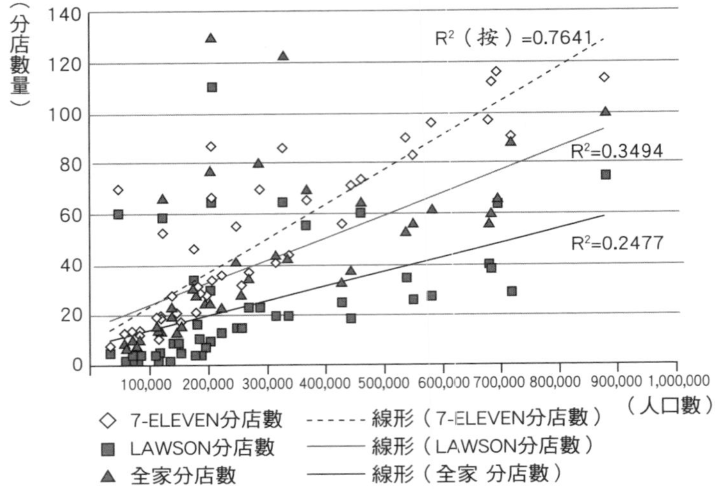

按：R^2為決定係數，越接近1.0越好。

上是否有比例關係。橫軸是市場規模（亦即人口數），縱軸則是分店數量。在此試著以7-ELEVEN、LAWSON和全家的數據來比較。

「人口多的地區，店鋪數量就多」——假使將這個相關程度達到一〇〇%的情況設為「一」，7-ELEVEN的比例數據為〇．七六四，因此有八〇%左右，也就是八成的7-ELEVEN超商分店，都是集中開設在人口多的地方。

相較於 7-ELEVEN、LAWSON 和全家的數據分別是〇．三四九和〇．二四八，因此大約是三〇%左右。也就是說，在人口較多的地方開店的比例，僅僅不到一半。

由此可以了解，7-ELEVEN 有多麼徹底的在人口多的區域開店。雖然這張圖表只調查了東京都二十三個區，但即使調查所有的都道府縣，結果依然很明顯。貫徹「穩健踏實的在人口多的地方設點」策略，就是日本 7-ELEVEN 的作風。

10 人行道寬度、步速，與穿著

二〇一六年二月期間，日本各家連鎖便利商店的單店單日平均營業額如下：7-ELEVEN是六十五萬日圓（按：二〇二一年十二月，臺灣7-ELEVEN單店日營業額平均約十二萬元），LAWSON是五十四萬日圓（按：約新臺幣十四萬五千八百元），全家則是五十一萬日圓（二〇一六年八月三十一日《朝日新聞》數據）（按：二〇二一年十二月，臺灣全家單店日均營業額約六．一萬元）。日本7-ELEVEN和其他連鎖便利商店之間，在單日營業額上的差距約有十萬日圓之多。

明明同樣都是便利商店，為什麼會有這麼大的差距？其中雖然也包含品牌力、各家店鋪能力等的差異，但地點布局戰略也有很大的影響。

決定好就在某區展店的地區內，即使附近還有其他連鎖體系的便利商店，7-ELEVEN依然絲毫不畏懼、氣勢凌人的開店。

在隔著一條馬路的對向側、或是隔幾戶人家的同一條路上，甚至連完全緊鄰的地方，都會有 7-ELEVEN 的蹤影。若是其他連鎖企業，都會遲疑：「是否要在緊鄰其他便利商店的隔壁開店？」

7-ELEVEN 的開店模式，簡直就像是：「這裡就該有一家 7-ELEVEN，不管那個地點現在是什麼！」關於這部分，將會在下一節詳述。

一天十萬日圓的單日營業額差距，並非徒負虛名。7-ELEVEN 是確實掌握了數據、足以證明無論在哪一家超商隔壁開店都有勝算，才能對自家團隊的分析如此有信心，進而持續展店。

話說，在開幕的 7-ELEVEN 超商中，有一家是我個人十分在意的門市。那就是位於表參道巷弄內的「7-ELEVEN 北青山三丁目店」。

當我偶然路過、發現這家門市時，我十分驚訝：「竟然把店開在這裡！」它就坐落在巷弄一般的小路上，看起來也不會有觀光客經過。7-ELEVEN 為什麼選在這裡開店？我對這個問題十分在意，於是便多次前往該門市，親自確認人潮流向和店家周邊的情況。

現場調查的確認重點主要有三個。**首先是「人行道的寬度」**，一般而言，店家前的人行道寬度，要讓行人能毫無壓迫感的錯身而過、約一公尺到兩公尺左右的距離為最佳。如果寬度太窄，行人行走的速度便會加快，可能就不會留意到店家了。

第二點是行人的行走速度——「步速」。要在幾點前往何處的時間限制，以及要在何處做什麼事的目標等，當這些目的都已經確定的時候，人們的步行速度就會加快。

最後則是「店家前的**行人樣貌**」。從服裝、持有物品來推測這是上班族？是學生？還是觀光客？或者是附近的居民？再確認哪一類的行人較常經過。我試著留意以上這三點，觀察這家 7-ELEVEN 門市的環境。

在聯接到明治神宮的表參道、青山通這條大路的周邊，接連坐落著許多購物商場大樓，而且有大量的人潮交會。然而，從這條大路轉進後方的小岔路後，就會發現這裡都是看起來裡頭有辦公室的大樓、低樓層的高級公寓、一般公寓、房舍等建築物，是一條只有工作人士，或居住在這一帶的居民才會通行往來的路。這裡也有一些鮮為人知的咖啡廳或店家，但只有熟門熟路的人才會經過。

在這種只能開進一輛汽車、人行道也狹窄的小路上，竟然會有一家 7-ELEVEN 的門市！但因為這裡並不是沒有岔路的巷弄，店鋪正好位於十字路口的拐彎處，因而有來自四面八方的客人絡繹不絕到訪，店家的生意才會如此興隆。

行人、顧客多半是走路速度很快的人，與其說他們是為了購物、觀光來到表參道，其實這家分店的消費族群，看起來幾乎都是經常經過的上班族和附近居民。

沒錯，對於平時就在周邊工作、住附近的人來說，這個地點會讓人覺得：「竟然在這裡開了一家 7-ELEVEN，太好了！」

徹底調查該區域、找出有需求的地方，然後確實的開一家店。7-ELEVEN 的著眼之處，雖然乍看之下會讓人懷疑：「在這種地方開店，也會賺錢？」但只要預估有商機，他們就會確實選出好地點。

11 管你是不是空屋，盯上就跑不掉

日本LAWSON或全家的店鋪開發人員，都是採用「尋找空屋」的模式來找開店的物件。「在這樣的地方，有沒有空屋呢？」他們透過不動產公司獲得這類資訊，再選擇其中的物件來開設分店。這是正統的店鋪開發方法。

然而，7-ELEVEN不同。他們分析目標區域後，接著就在符合如「應該在這個拐彎處開店」等條件的位置開店。**該處是否為空屋，老實說他們不過問**。即使該處有公司或民宅，他們甚至會設法讓原本的物件遷離該處，總之就是要在決定好的位置開店。

7-ELEVEN的店鋪開發負責人會向該地點的人交涉，說明希望開店的需求。假設負責人想在左頁圖11的拐彎處A開店，如果A是獨棟房屋，他就會向該屋主交涉，像是請屋主出讓目前所在的A地點，或是讓屋主擔任加盟主、負責店鋪營運。如果該物件有其他店家正在營業，負責人就會與其協商，想

圖 11　超商王者的分店開發策略。

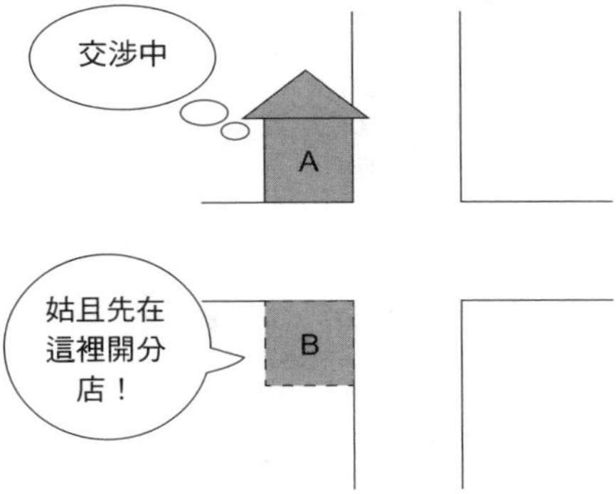

盡辦法讓對方願意放棄店面、改開 7-ELEVEN 超商。

當交涉遲遲未有進展時，如果A點前方的B點目前無人承租，7-ELEVEN 會姑且先在B點開店。而後若能達成協議，就立刻將店鋪從B點遷移至A點。因此，有時我們會目睹這樣的景象：外觀很明顯是 7-ELEVEN 磚紅色的店鋪樣貌，裡面卻是一家截然不同的店正在營業，而距離該店非常近的地方，又有一家 7-ELEVEN。

然而，獨棟房屋的屋主，會接受這種蠻橫的交涉嗎？其實，7-ELEVEN 有一支非常擅長交涉的團隊。我曾實際聽過一位團隊負責人分享以下這段故事。

他與獨棟房屋的屋主交涉：「要不要把這裡改成 7-ELEVEN？」一開始非常不順利，還被屋主潑水、怒吼：「給我滾回去！你以為我在這裡住了多少年！」有時光是讓對方聽自己說話，都是一件困難的事。

但是，他並沒有放棄，而是多次前往該戶人家拜訪。一直到對方說「進來吧」為止，總之就是持續不斷的交涉。最初讓人吃閉門羹的屋主，也抵擋不住負責人的盛情，而**讓他進到屋子裡頭——只要走到這一步，整件事就會一口氣順利發展下去**。

因為店鋪開發負責人也擁有資產運用的知識，因此也會參與洽談利用計畫。以前述提到的情況為例：當負責人想在A點開店時，假設馬路的一側有一棟豪華的房子。接著，「先將房子遷移到用地的這一邊，然後在您目前的住家位置上建造一家便利商店吧！這麼一來，收益會是○○，所以建築經費在○○年內就能回收喔。」他們會**提出一套不讓屋主蒙受損失的縝密計畫**。一旦提出具體計畫，屋主也會開始認為：「或許可以考慮看看。」

和日本其他連鎖便利商店體系到不動產公司、詢問有沒有空出的物件，以此來尋找地點的做法相比，7-ELEVEN 的手法果然更勝一籌。我覺得正是 7-ELEVEN 這般徹底的執行力，才會創造出超商業界「一強多弱」的現況。

重點整理：便利店的地點布局戰略，你得學會這套真傳祕技

- 7-ELEVEN 擁有「這裡就該有一家 7-ELEVEN 超商」這樣強大的開店理念，並徹底執行，才能穩坐寶座，讓其他公司望塵莫及。
- LAWSON、全家祭出不同品牌，在各個據點展店，開拓新天地。
- POPLAR 以自豪的招牌商品為支柱，將分店開在喜歡該商品的顧客所在的地點，贏得了地位。
- 某些地點乍看之下雖讓人覺得「在這裡開店不會賺錢」，卻也潛藏著令人意想不到的需求。

——正因為是各家公司兵刃相接、激烈交鋒的激戰區，便利商店業界才能與時俱進。

第3章 無懼激戰！餐飲業的地點布局戰略

如果餐飲店擴大為連鎖企業後，那麼其攻防戰也就等於地點布局的攻防戰，這麼說一點也不為過。在本章，將以連鎖餐廳為主題，解說該領域的布局戰略。

連鎖店的困難之處，就在人們「特地」前往該店的目的不足。「要不要稍微吃點什麼？」、「好啊，就吃車站前那家麥當勞吧！」人們通常都是用這類模式決定用餐的店家。很少有人會說：「就去某座城市、某條路上的那家麥當勞吧！」只要在更近的地方有一家麥當勞，人們幾乎不會遲疑，都會改去比較近的那一家吧。

進一步來說，想要稍微吃點東西時，不光是同樣販售漢堡的店家，舉凡同樣販售輕食的咖啡店或家庭餐廳，也會是競爭對手。如今，設有內用區的便利商店，也將加入戰局。

因此，店鋪位於什麼方便的位置、如何讓顧客記得，「地點布局」正是分出勝負的關鍵。其戰略配合商業模式，每天都在不斷演進。

1 商業辦公區的餐廳很難賺錢

城市有各式各樣不同的面貌。例如，敝公司所在的「岩本町」，位於秋葉原車站附近，基本上就是個餐飲店不會賺錢的據點。因為岩本町是所謂的辦公商業區。或許你會認為：「咦？辦公商業區的餐廳不是應該很賺錢嗎？明明人那麼多……。」但請你試著思考一下。

在這附近工作的人，即使有時候會在早上去一趟便利商店，卻很少一早就走進餐飲店。上班族中午會去餐廳用餐，所以每家店都大排長龍。然而，這樣的人潮也在下午一點整左右就逐漸消失，到了晚上九點以後，周邊區域的人潮也會越來越少。這是因為大多數人都會直接回家，或是前向繁華的鬧區。從岩本町不僅走路就能到達秋葉原，離東京、銀座也很近，所以在夜晚時分，人們都會蜂擁前往這些城市。

因此，其實非常多店家只有平日午餐時段會營業。從現實面來看，如果只靠平日午餐時段，大概很難提升營業額。

而且到了假日，更是幾乎沒有人在附近走動。因為是辦公商業區，所以沒有事情需要在假日前來。我有時會因公事在週末去公司，但和平日相比，人潮的確少了很多。白天和夜晚、平日和假日，城市的面貌在轉瞬之間就完全不同。

這麼一來，人潮洶湧、而且會來店內消費的時間大約多長？在一個星期中，只有平日五天，並且僅在白天一、兩個小時內能做生意。這除非是個人商家、或是由夫妻兩人開的店，否則經營起來實在辛苦。

儘管只在平日五天、白天兩小時開門營業，租金當然也不會只算這個部分，沒有營業的時段也會產生場地費或房租。以租金一個月一百萬日圓（按：新臺幣二十七萬日圓）來說，若是一整個月每天都能賺錢的店家也就算了，但要是一週五天，一天僅有一、兩個小時會有營收，我想這個費用實在是太高了。

舉例來說，假使一家咖啡連鎖店開幕了，除了早上、中午的需求外，或許還能利用路過的客人來填補離峰時段，但到了晚上，營業額或許會急速下降；而週末時段路上人潮稀少，所以生意不佳。如此想來，我們可以推測，岩本町這個區域的店面租金絕對不便宜，因此賺錢時段少的咖啡連鎖店，數量也不可能太多。

說得極端一些，一年三百六十五天、一天二十四小時來客絡繹不絕的營業型態，在服務業中是最好的，但這樣的狀況實在少見。有顧客來店的尖峰時段固然好，但店家也需要能填補離峰時段的顧客。

如此想來，或許你就能理解為什麼還是要在鬧區開店了吧。以銀座為例，有在這裡工作的人、也有來玩的人。工作的人因為午餐時間的限制，因此消費時段會集中在一小時至兩小時內；但來這裡玩的人，則沒有任何限制，無論何時、在哪裡、吃什麼，全都無所謂。鬧區雖然租金昂貴，但也是因為從早到晚、長時間都有顧客光顧的緣故。

大企業的店鋪開發團隊會留意這類差異，來考量開店地點。令人意外的是，中小企業的人卻不會考慮這麼多，「因為租金便宜」、「因為離車站很近」，他們會因為如此簡單、未經深思熟慮的選擇來決定開店位置，但這樣是行不通的，還是必須有所根據、仔細解讀「城市的特質」才行。

2 中午生意興隆，晚餐時段你觀察了嗎？

不了解辦公商業區的特性就開店，必然會付出慘痛的代價。即使期待晚餐時段會有很多顧客登門消費，並在午餐時段開門營業，但辦公商業區就是只有午餐時段有人上門，完全沒有顧客來吃作為賣點的晚餐，最後便面臨撤店的命運——在日本岩本町，就有不少這樣的店家。

許多開餐飲店的人，對晚餐最具信心。因為來吃午餐的客人，都想以便宜價格享用到美味的餐點，於是老闆就認為：「或許晚餐時段也可以期待有這麼多的來客數。」然而，一到關鍵的晚餐時刻，卻一個人也沒有。

之所以在午餐時段營業，其中一層涵義是「廣告宣傳」——也就是為了提升店家的知名度，讓顧客能在晚餐時段上門消費；另外還有一個理由，是希望有效運用前一天的剩餘食材。而前者的「宣傳」，就更不容馬虎了。

前面也提過，顧客白天會光顧的店，實際上不太可能晚上也去。各位可以想想，午餐時段時常光顧的店家，到了晚上還會頻繁的去嗎？我想答案應該是「不會」吧。

或許，有許多人在心理上會覺得：「不想在公司附近喝一杯。」如果是午餐時間就算了，應該還是有不少人在工作結束後，就不會想和公司的同事碰面，並考慮往鄰近的車站移動；再加上午餐的分量多，價格或許是一千日圓（按：約新臺幣兩百七十元），但一到晚上，有時卻要花上將近一萬日圓（按：約新臺幣兩千七百元），於是消費者就因為價位太高，打了退堂鼓。

舉例來說，有一家時尚的義大利麵店，顧客在午餐時段只要花一千兩百日圓（按：約新臺幣三百二十四元），就能吃到招牌義大利麵、沙拉和湯，甚至還附送咖啡，餐點美味，也吃得很飽。但晚上光顧時又是如何？如果要選單點菜單、選擇多樣料理，光是生菜沙拉就要九百日圓（按：約新臺幣兩百四十三元），都快要逼近午餐的套餐價格了。接著再點義大利麵或肉料理，然後喝個酒，一直到吃飽為止，不知不覺每個人就要花上近一萬日圓……相信你也曾有類似的經驗。

就因為這樣，白天便有白天常去的地方，晚上也有晚上會去的店家。許多人會將午餐吃的店和晚餐吃的餐廳分開考量。因此，不能因為午餐時段營運得順利，就認為晚上也會有顧客上門，在辦公商業區，情況可沒那麼單純。

3 好地點不會一成不變，要觀察環境調整業態

若提到郊外型家庭餐廳的開創先驅，應該就是現在在日本，店鋪都已經消失的「SKYLARK」（按：即加州風洋食館，目前在臺灣還有分店）吧。如今，它正以「GUSTO」（兒童餐廳）、「夢庵」（平價和食）、「BAMIYAN」（中華料理）等各式各樣業態的家庭餐廳來拓展版圖。

在日本一九七〇至一九八〇年代廣受歡迎的 SKYLARK，自從泡沫經濟破滅後，營運便逐漸惡化。一九九三年約有半數的店鋪都轉型為 GUSTO。雖然為了更進一步恢復業績，二〇〇六年收購基金將公司買下，但最後還是因業態變更、虧損店鋪倒閉等因素，SKYLARK 在二〇〇九年已經於日本完全消失了。

日本在一九六〇年代後半出現了一股自用汽車風潮，依據「擁有汽車的

家庭客層增加」的因素，就在路邊開設能輕鬆開車前往的洋食餐廳——我認為SKYLARK的這份業態開發能力，相當優秀。

只是，餐飲業並不是同一種型態可以流行幾十年的行業，由於其他競爭公司也會一直出現，因此餐飲業者必須持續開發符合潮流的經營型態。也就是說，當時間一進入二〇〇〇年代，SKYLARK的經營型態（洋食）便已然過時。

地點也同樣會隨著時代而變化。因為新車站落成，人潮便會往車站的方向移動；高速公路完工，於是一般道路的交通流量減少，賺錢的據點就會改變。能夠維持營業額、地點好的店改變了型態，並且更進一步追求更高的營收；而營業額下滑、未能有亮眼表現的店，就會被淘汰。

就像這樣，業界會傾向從地點不佳的店開始倒閉，這也能從日本麥當勞的關店潮看出端倪。二〇一〇年，日本麥當勞控股（McDonald's Holdings）公司的前總經理原田泳幸，關閉約四百家麥當勞，並將六百家左右的店鋪移轉到好地點。當時關閉的四百家分店，據說都是因廚房狹小而無法提供所有餐點的小型店，或是店鋪坐落於紅燈區等，有損品牌形象的地點。

總之，就是從地點不好的分店，以及不符合麥當勞形象的分店開始削減。這些分店即便實際營運也都不敷成本，營業額表現也不好，也就是以「營業額＝據點」的標準，判斷為停業的候補名單。

一家店能否長期維持營業額，一直都和地點有關。只要真的擁有營運能力，就能瞬間創造亮眼業績；但要是地點不好，之後便每況愈下。因此，是否能長久確保營收，地點依然是關鍵要素。

4 能讓顧客記住你的就是好地點

我一直覺得，現在受人關注的企業，在營運上都有許多出色之處。舉凡新奇、出人意料之外的營業型態，這些企業都擁有充足的能量，會讓許多顧客想去該店看看。

比方說，站著吃大塊牛排的「IKINARI! STEAK」，就是採用有如站著吃蕎麥麵店家的經營方式，讓顧客享用肉塊厚實、品質優良的牛排，這種模式令人驚喜，相當受歡迎。IKINARI! STEAK 顛覆了以往牛排就是要坐在桌前、放鬆享用的概念，推出讓上班族能輕鬆的在空檔時段前往消費的型態。除了牛排之外，以「站著吃」模式大受顧客歡迎的店，還包括壽司、燒肉等類型的餐廳。

先前提到的丸龜製麵等，其實也是相當具有營運實力的企業。丸龜製麵同樣不斷的吸引顧客、增加分店，**當它對許多人來說，成了一家極為普通的**

日常店家時，店鋪的據點和商圈就變得很重要。今後，倘若它真能存活下來，未來開店時必然會將重點放在據點和商圈上。而丸龜製麵最近不僅在日本國內開店，也一直致力於海外發展。只要能把店開在好位置，接下來就會放眼海外市場——這樣的連鎖企業，未來應該會越來越多。

當某家連鎖企業在只有幾家店鋪、還在大眾覺得稀奇的階段，顧客也會在網路上搜尋後光顧；但當店鋪數量增加、顧客逐漸覺得稀鬆平常時，能否讓人時常想起，就變得很重要了。

「平常經過的那條路上，看得到丸龜製麵」、「車站前有家麥當勞」、「離家很近的地方有家 LAWSON」，我們在生活中，都是這樣把店家和位置串聯起來記憶的。只要經過同一條路好幾次，這份記憶就會烙印在腦中，成為更穩固的印象。而後，當店家資訊確實的嵌入記憶，只要有人問起：「中午要去哪兒吃？」、「那裡有一家丸龜製麵，就去那裡吃吧！」這家店就會停留在顧客的腦海。

「要去哪兒吃？」能否在這個時機點讓顧客想起自己的店，和停留在顧客記憶到什麼程度，大有關聯。為了讓顧客記住，店家還是得位於好的地點才行。把店開在好地點，接著只要拿出招牌、多多宣傳，顧客就比較容易記得你的店。

5 一旦連鎖經營，誰管你哪家店創始

名古屋的特產之一就是炸雞翅。儘管當地有許多餐飲店都推出這道料理，但有兩家連鎖店在此各自雄踞一方。那就是撒上胡椒、調味香辣的「世界的山將」，以及調味偏甜辣的「風來坊」。

那麼，你知道哪家店才是催生出炸雞翅的鼻祖嗎？答案是風來坊。事實上，世界的山將是模仿一九八〇年代，十分流行的風來坊炸雞翅而誕生的。兩者口味之所以有差異，世界的山將創辦人山本重雄曾如此公開表示：「因為我們無法重現相同的口味。」

或許對名古屋當地人來說，哪家店才是創始店，是一段有名的故事。但即使它們都成長為如此大規模的連鎖店，日本應該還是有相當多人，不知道先推出炸雞翅的是哪一家。除了這兩家連鎖餐廳以外，還有許多店家以名古屋為中心販售炸雞翅，版圖也在擴張當中。

一旦某家店推出了受歡迎的商品，就會立刻有其他店家模仿。這不僅限於食物，在外食業界，這是理所當然的慣例，要說它是一種「模仿文化」也不為過。因為這樣，或許也可以說外食產業的入行門檻比較低吧。

而且，這種模仿的循環速度更令人吃驚。例如，在當時蔚為話題的菜單上，有一道料理是「炸牛排」（按：牛肉裹麵衣油炸，料理方式類似炸豬排）。當某家店最先推出的炸牛排受到顧客歡迎，下個月就會有其他連鎖業者模仿、推出同樣的菜單。

曾有餐飲連鎖店的人告訴我，**味覺敏銳的商品開發負責人，只要吃了料理後，就可以知道其中使用的素材和調味料**，連拉麵的複雜湯頭都喝得出來。只要知道使用的材料，就不難模仿。一家擁有精明人才的連鎖店，會立即開發出口味極其相似的菜單，並且在人氣尚未衰退之時，就開始在所有店家販售。

正因為餐飲業是模仿風氣如此興盛的行業，如何在外食業界持續推出新商品就十分重要。假使任何一家店都能販售該商品，那麼即便是「創始店」，如果只是仗著鼻祖的光環坐享其成，可能某一天受歡迎的程度就會衰退，營業額也隨之下滑。因此，它們只能再度創造新菜色來對抗模仿。

特別是人氣迅速高漲、如火燎原的情況，也要先想到流行會瞬間走到盡頭。流行是短暫的，你應該想著產品有一天終究會過時，因而預先察知事態的發展。

以炸牛排為例，如果有好幾家餐廳都販售炸牛排，顧客有時會疑惑：「咦？哪一家才是創始店？」搞不懂究竟哪一家才是鼻祖。「無論如何都想吃『創始店』的炸牛排！」如果是抱持這種想法的顧客，或許會查一下是哪家店，但其實大多數的人還是認為：「我只是有些在意，不過吃附近這家店的話，應該也無所謂吧？」

最後，要是到處都能吃到大同小異的菜色，人們就會以自己容易到達的地方和據點來決定。「因為店就開在我家附近」、「因為現在眼前剛好就有一家店」，顧客會以這樣的便利性來選擇店家。從這個層面來看，相信你也能理解餐飲店的所在位置，為什麼這麼重要了。

6 高級法國餐廳和外送披薩店有什麼共通點？

營業額、店鋪數量稱霸日本全國的外送披薩店「PIZZA-LA」、能吃到來自夏威夷的漢堡的「KUA`AINA」，以及獲選為法國米其林三星、能享用到知名法國大師所烹調、料理的侯布雄法式餐廳（Joël Robuchon）……外送披薩、漢堡、法式料理，這三家餐飲品牌乍看之下毫不相干，卻有一項共通點，你知道是什麼嗎？

其實這三個品牌都是由「FOUR SEEDS」公司經營的。像這樣擁有各種品牌、業態的餐飲關係企業，近年一直增加。只是許多人應該不太清楚，哪些品牌是同一家公司經營的。其實在地點布局戰略上，這一套經營手法，正是有利於運作的關鍵。

過去，許多連鎖餐飲店都是藉由單一品牌達到一千家分店，並把目標設定為讓更多人知道該品牌。舉例來說，在全日本咖哩連鎖店占有約九成比例，加上海外分店共有一千四百家以上店鋪的「CoCo 壱番屋」（按：在臺灣已超過二十家分店），或是在日本國內已有超過一千兩百家分店（按：二〇二二年七月底共有九百八十九家）、以甜甜圈專賣店為人熟知的「Mister Donut」（按：在臺灣已超過八十家分店），均是如此。

然而，現在餐飲連鎖的主流是，逐漸轉變為同時擁有多項品牌的企業。有越來越多企業不僅是經營單一品牌，而是像 FOUR SEEDS 一樣，經營各式各樣不同的品牌。

各品牌的店鋪數量約有十家，品牌內容包含串燒專賣店、西班牙料理餐廳、主打鮮魚料理的居酒屋、出餐快速的丼飯專賣店等，雖說是餐飲業，但公司旗下擁有跨越不同種類的品牌。

如果是各式居酒屋林立的區域，那麼從單價便宜的到高級的店都有，簡直就是一整個品牌組合，讓人驚呼：「這家店和另一家店，原來都是屬於同一家公司啊？」

為何擁有多種業態的企業一直增加？因為只要擁有多種業態，在地點布局方面，就可能有利於展店。

以 FOUR SEEDS 來說，當要租賃某處的大樓時，有時會在不同樓層開設好幾家不同的店鋪。侯布雄法式餐廳在 FOUR SEEDS 中是相當知名的店家，因此也經常有人請求他們：「請務必在這裡開店。」

這時，FOUR SEEDS 就會如此取得交涉的主導權：「那麼，希望讓這個業態也一併進駐這棟大樓。」、「請讓我們在地下樓開這一家咖啡店。」正因為旗下擁有具備品牌實力的業態，交涉自然能達成共識。

從租賃大樓的房東角度來看，他們希望盡量聚集顧客，因此都會希望導入具備集客力的業態。如此一來，「我們也想讓這個品牌進駐」、「希望用這樣的價格」……**面對 FOUR SEEDS 多家店鋪的開設計畫及價格方面的要求，房東當然也會妥協**。

拓展多家店鋪、讓房東願意降低租金、在大樓內的好位置開店——只要擁有具品牌力的業態，就能進行各式各樣的交涉，再開設較為理想的店面。換句話說，關鍵就是擁有多強大的品牌。

企業能這樣在同一棟大樓中開設多家店鋪，造訪的顧客卻不會發覺是同一企業經營的數個品牌。我自己也曾有多次經驗，都是非常仔細的觀察後，才發現：「原來這些餐飲店，全都屬於同一家公司嗎？」有不少企業都採用這樣的開店模式，只是我們不知道而已。

7 多品牌餐飲企業，開發業態勝過開發地點

「AP COMPANY」和「Diamond Dining」這兩家公司，就是利用這種管理多品牌的方式成長的。

AP COMPANY以居酒屋「塚田農場」一躍成名，這家店和種植富有當地特色食材的農家簽約，讓顧客能以合理價格，品嘗產地的新鮮食材。依據各家店鋪不同，塚田農場在宮崎縣、鹿兒島縣、北海道等各個區域均有自家品牌，而且菜單都不相同。此外，提供鮮魚料理的「四十八漁場」也是受歡迎的名店。每一個品牌旗下，都各自有二十家左右的分店。

關於據點分布則符合理論，都選擇在大廈一樓開店。在如今這個受歡迎程度取決於顧客的年代，AP COMPANY考慮的不只是租金盡可能便宜，更重視店家的影響力，即使租金多少有些昂貴，依然積極的在一樓展店。

而 Diamond Dining 旗下竟然有**一百種業態、一百家店鋪**，也就是不同業態的店都拓展至高達一百家。知名餐廳包含以吸血鬼為主題、店內充滿恐怖氣氛的「吸血鬼咖啡店」（VAMPIRE CAFE），以及裝潢極為奇特、傳達日本原宿文化的「可愛怪獸咖啡店」（KAWAII MONSTER CAFE）」等，諸如此類講究概念的店鋪，都在大量持續開發中。

這些企業向來一開始就預設：「品牌在不久之後就會退步。」因此**比起據點開發能力，它們更注重開發業態的能力**。

例如，某公司目前為止，都是開設和食料理的居酒屋，倘若該餐廳的營業額成長到某種程度後開始下滑，接下來公司就會立即替換成，以西式料理為主軸的居酒屋。為了要能在這種時刻立即更換，企業旗下才會擁有價格區間、業態都不同的品牌。以棒球投手為例，就是指擅長的球種不只一種，而具備如直球、指叉球、曲球等各種投球技巧。

雖然品牌本身很有潛力，但只要營收稍微縮減，就讓下一個品牌遞補進去。縱使店家的地點好，顧客還是會因為品牌劣化而離去。因此比起不斷更換品牌，他們也更致力於「不要錯過該地點、該商圈」。

像這樣擁有多種品牌的企業，之所以情勢看漲，原因之一當然是先預測到營業額會隨著時間逐漸下滑；除此之外，不知道是不是因為經營者的世代已經不同，我認為他們的感覺正不斷改變。

先前提到的 AP COMPANY 和 Diamond Dining，這兩家公司的創辦者目前都介於四十五歲至五十多歲，並由三十多歲的人擔任經營者，負責餐廳營運。與其說他們是餐飲店創業者，給人的印象不如說像是「和所有飲食都相關的製作人」。

他們不拘泥於單一業態，而是創造出好幾種概念新穎的型態。不僅制訂含括生產者的機制，也從餐飲店向外衍生，創立「餐廳婚禮」的事業（按：restaurant wedding，是日本的嶄新婚禮形式，意指將餐廳作為舉辦婚禮的場地，能在料理方面更為講究，以符合期待的美食和居家氛圍款待與會人士），如此具備更高的視野，在廣泛的領域中展開新事務。

和過去認為先創造出一個強大品牌，接下來就持續努力的外食產業經營者相比，他們為了讓企業持續生存，採行的經營方式也不相同。其實，與其說是經營方式不同，不如說一開始的發想就已經完全不同了。

成功拓展連鎖燒肉店版圖的「牛角」創辦人西山知義，曾創下在七年內展店數達到一千家的卓越成績，之後則成立「美食創新集團」（DINING INNOVATION），展開多項品牌的相關事業。就連一個達到「一種業態、一千家店鋪」境界的人，也採行多品牌策略。

可以預見，以品牌興衰為前提、擅長營運開發的企業，從現在起將往前大幅躍進。

8 餐飲業抄襲模仿最凶悍，怎麼辦？

曾有一段時期，勢力龐大的居酒屋「和民」，以壓倒性的低廉價格和品項而大受歡迎，但近幾年因業績惡化而不再開新分店，店鋪接連關閉。即使觀察二〇一六年四月至十一月的紀錄，「和民」、「坐・和民」（按：另附有包廂的型態）、「和民家」（按：炭火燒肉店型態）這三種業態的合計新開店數是零，停業店數一共達到九十家以上（按：包括和民與饗和民、和民手作廚房，二〇二二年八月時，全臺共有四家店）。

在日本因員工過勞自殺的報導，影響了和民的企業形象，這或許是原因之一，但顧客對和民這個業態本身已經感到厭倦，也是導致業績惡化的因素之一吧。

在和民積極展店的時期，會先將大廈的五、六樓——也就是一般認為租金便宜、誰都不會租的物件租下來開店。在東京都心區域，和民幾乎都是位於混雜大廈的高樓層，也時常看到在大樓外側設立巨型招牌的店鋪。

然而，和民一開始雖然藉著前所未有的品項和（與料理店相比）便宜價格獲利，但等到顧客習慣了之後，它給人的印象，就只是一家表現不亮眼的普通居酒屋。當朋友相約喝杯酒的時候，與其說是因特別的目的而去和民，倒不如說通常都是「因為沒有其他選項，所以才去和民」。如此一來，和民想繼續營運下去，相當不容易。

初創時期的和民，不僅料理精緻美味，更能提供顧客豐富的品項，價格合理，因此是一家十分受歡迎的居酒屋。

因為和民的成長，許多居酒屋連鎖店也重新檢視菜單，不僅追求便宜，更講究口味，開始致力於開發原創菜色。就這樣，整個居酒屋業界都相互切磋，於是如今我們不管走進哪一家連鎖店，都能品嘗到便宜、味道還算可口的料理。業界整體的實力能夠提升，可以說是和民的貢獻。

然而，當每家店的價格區間都很相近、口味也沒什麼特色，那麼無論是和民或其他餐廳，都會淪為普通居酒屋，而失去連鎖店本身的特質。

更有甚者，那些不屬於連鎖企業的私人居酒屋，也開始致力於提供味美價廉的菜色時，連鎖店就不再是對手。如果價格區間相當，那麼比起連鎖居酒屋，顧客應該更想光顧吃得到精緻料理的私人居酒屋吧。因此，目前所有的連鎖店，處境都十分艱難。

若真要探求原因，我認為是在創辦人渡邊美樹掌管經營時，因為力求降低成本，結果連同人事成本也一併削減，總之就是要提供價格便宜的料理；就某種意義上來說，就是採取薄利多銷的方式，然而這種商業模式已經行不通了。

儘管如此，至於和民是否能脫離低價居酒屋的行列，進一步創立不同的品牌，由於缺乏業態的開發能力，因此十分困難。追根究柢來說，和民的分店原本都位於大廈的五、六樓，能在這類地點開店的業態都很有限（按：類似百貨地下室美食街消防法規限制）。結果，因為只能導入類似的型態，最後無法交出亮眼的成績，淪為半調子的窘態。

如今，雖然它讓原本和民的分店停業，並且正導入新品牌，但仍然給人不夠出色的印象。即使創造新品牌，但當人們問起：「那麼，這和原本的『和民』哪裡不同？」還是很難看出明確的經營理念。

另一方面，擁有多種業態的企業，旗下有居酒屋、西班牙餐廳、法式餐廳及義大利餐廳，總之，就是準備好幾種不同的型態。要是義大利餐廳行不通，就換成法式餐廳；如果法式餐廳經營不下去，就改為和食餐廳；和食餐廳不受歡迎了，就換成麵店……會想盡一切辦法來營運。

如前所述，外食業界是「模仿的業界」，今天別家店正在做的事，明天自己也能如法炮製。如此一來，如果發現了好地點，就要緊抓該地點不放，這一點很重要。當品牌劣化或是模仿的品牌出現時，就能替換為下一個品牌——**店鋪開發力和業態開發力都不可或缺——這樣的時代已來臨**。

以普通居酒屋為經營主軸的連鎖店，若是不開始從新檢視，並且從理念開始構思要轉變成什麼樣的型態，那麼要在業界存活，想必會十分困難。

9 次級地點開出一流店，商品與管理都得夠強

有的餐廳被新興勢力打垮而身處困境，另一方面，也有餐廳的實力堅不可摧。

薩莉亞是誕生於千葉縣市川市的家庭式義大利餐廳。從餐點到葡萄酒，顧客都能以令人驚訝的低價，享用美味的義式料理，因此具有高知名度。主要消費者是以學生為中心的年輕人及家庭客群。

在本書撰寫階段，薩莉亞在日本全國已有一千零二十八家分店，其地點布局戰略可說是標新立異——這家餐廳竟然有多家分店，都位於二樓或地下一樓。很明顯的，薩莉亞毫不畏懼一般業者敬而遠之的二樓以上和地下樓層，大都選在這樣的地點開店。

大廈二樓的租金通常比一樓便宜，因此獲利較佳，也能使用大樓側面來

打廣告戰。但是，這樣的開店模式與過去任何業種、業態、品牌完全相反。在本書中，我也曾提到「一樓比二樓更好」、「別被便宜租金蒙蔽雙眼」等內容，但薩莉亞卻以這種方法成功。

為什麼？有可能發生這樣的事嗎？**答案就在於薩莉亞強大的商品力**。即使和一般的家庭餐廳相比，這裡的披薩、焗烤飯、義大利麵都便宜得多。義大利麵有五百日圓（按：約新臺幣一百三十五元）以下的品項，只要付一千日圓（按：約新臺幣兩百七十元）就能填飽肚子。

有人或許會擔心，價格這麼便宜、食材安全性會不會有問題，但日本薩莉亞是從合作農家（即自家農場）採購蔬菜等食材，葡萄酒則是從原產地義大利直接進口，實在令人驚訝。它就是有這樣壓倒性的商品力，增加開店地點的選擇。恐怕薩莉亞也有不少來自購物商場的合作邀約吧。

得以實現這些條件的，我想正是薩莉亞的創辦人正垣泰彥（現任董事長）。正垣泰彥畢業於東京理科大學，也就是所謂的理工科人才，他在大學在學期間就開了薩莉亞一號店，培植到如今的事業版圖。

薩莉亞真可謂理工科創業者創辦的企業，連樓層清掃方法，都是依據數據改善，在地點布局戰略領域中，他罕見的邏輯思考及平衡感，也發揮作用。

一個弄錯自家商品力和目標客群，又被便宜租金蒙蔽雙眼的店，即使仿效其他品牌，也無法順利營運。

10 咖啡店翻桌率好低，怎麼成功？

在名古屋發跡的「珈琲所 Komeda 珈琲店」（按：中文名稱為客美多咖啡）登場後，大大改變了咖啡店的概念。基本上，過去咖啡廳大都位於市區，設有停車場的店家非常少見。然而，現在日本 Komeda 珈琲店、星乃珈琲店都設置了大停車場，有六十個至九十個左右的停車位，並選擇道路旁拓展版圖。這是前所未有的構想。

日本 Komeda 珈琲店在二〇一五年間的展店數量約為七十家。原本的店鋪數量為三百八十家，但收購基金從創業者手中買下 Komeda 珈琲店後，就一口氣增加店鋪數。Komeda 珈琲店被收購後的四年左右，達到了七百二十家分店，除了東海地區以外，均持續積極展店中。在日本創造「路邊咖啡店」的嶄新價值，就是它的厲害之處。

餐飲店如果有早餐服務，從上午開始就會有營收，接著在中午迅速提升，下午趨於平緩，傍晚又微幅上揚——這就是餐飲店一整天的營業額變化。由此看來，一天會有兩個營業額下滑的時段：從早上到中午之間，以及中午過後到傍晚之間或是晚上。在這些時段，營業額無論如何都會下降。

為了讓顧客在這些時段也願意待在店裡，Komeda 珈琲店創造出一種型態：「在這些離峰時段久待也無所謂。」總之，他們的做法便是，**營造出一整天店裡都有客人的狀態**。

寬敞的店內設有約一百個座位，另設置了寬敞的停車場，大多數分店都從早上七點營業到晚上十一點，因此顧客能夠悠閒久坐。在一整天的時間裡，顧客緩慢的接替更換。由於**座位數量多，即使顧客替換的速度緩慢，也沒有問題**。就算慢，顧客還是會確實更換。正是因為 Komeda 珈琲店在郊區擁有寬大的店面，才能成就這樣的商業模式。

如果不提供外帶服務，顧客不快點喝完、早點離開，店家就賺不了錢。儘管沒有寬廣的停車場，能稍微減少租金負擔，但都會區原本店租就高，因此只能不斷提升翻桌率。

若咖啡店位在路邊，停車場的大小就很重要。在鄉間郊區的話，如果是「四個人一起去 Komeda」，那麼他們通常會各自開車前往咖啡店，未必是由一人開車、載其他三個人前往。

顧客通常會這樣約定：「那麼就三點在 Komeda 集合囉！」所以即使座位是一個包廂席，還是需要四個停車位。因此，明明停車場接近客滿，走進店裡後卻意外發現還有座位——這樣的狀況其實很常見，可說是十分有趣。

如此一來，為了要確保座位數量和停車位空間，也難怪路邊占地寬闊的地點，會是最佳的開店位置。擁有一百個左右的座位，顧客在一天內悠閒的更替，雖然多少要排隊、花一點時間等待，但店家依然可以獲利——我想，**能實現這種商業模式的地點，最適合 Komeda 珈琲店**。

11 開分店是好事，但開多了「目的性」會消失

Komeda 珈琲店尚且算是**目的性高的店鋪**，因此即使位於稍微不方便到達的地方，顧客依然會上門。這麼一來，租金就可以控制得很低。

而速食店之類的店家，原本客人上門的**目的性就不高，所以地點非常重要**。然而，只要富有品牌力，目的性便會提升。讓顧客擁有目的性的品牌力越強大，就越能吸引相對應的人潮，即使將店鋪從租金高的區域，遷移到較低廉的區域也無妨。

就這層意義來說，日本 Komeda 珈琲店在業態和地點布局戰略上，正處於相當平衡的狀態。然而，如果再提升開店空間、增加分店數的話，店鋪數量的稀少性（目的性高）便會降低，那麼這種良好的平衡，可能就會崩毀。

我認為，在三十年至四十年前、便利商店於日本初次問世的時候，每一

條路上的便利商店都生意興隆。「竟然會有這麼方便的商店」、「希望我們家那條路上，也可以快點開一家」……大家都期待他們展店，新開的門市也人滿為患，廣受顧客喜愛。

然而，如今便利商店隨處可見，店家不僅不可能因為本身是顧客上門的目的而生意興隆，也極少受到顧客感謝。這都是因為分店增加的緣故。因為數量增加，如今一定要去某家便利商店的目的性，就明顯降低了。

此外，我聽說當日本 7-ELEVEN 開始提供現煮咖啡之後，如雨後春筍般增加的咖啡店，營業額都在下滑。便利商店的商品擴散力深不可測，近來連收銀檯旁，也販售著甜甜圈等商品。我正持續關注著這種現象，今後恐怕連現做漢堡都會開始在便利商店銷售。假使這件事成真，接下來就輪到漢堡店的營業額下降了。

店鋪數量增加、稀少性喪失，如今人們只追求便利。因此，如何在顧客方便的地點開店，才是真正的關鍵。

12 工作流程不佳，地點好也沒用

只要觀察工作性質、餐飲連鎖店的開店地點和開店步調，就隱約可以知道該連鎖體系有沒有問題。如果**展店的速度快到異常，或是開店地點讓人覺得匪夷所思，就是危險的訊號**。

當連鎖店的認知度提高，有些企業就會覺得現在正是時機，而趁勢快速展店。當目標設定為短時間內增加五十家分店、總店數達到一百家來展店時，我會覺得很不安。為什麼？因為可以想見，它們的業績目標將會非常吃緊。

還記得幾年前流行的「東京 Chikara Meshi」，它是型態類似牛丼餐廳的連鎖體系，白飯上放的不是燉煮後的牛肉，而是燒烤牛肉——這樣的「烤牛丼」深受男性喜愛；而且因為價格便宜，吸引了吃膩一般牛丼的客群，於是便一口氣增加分店數。

然而，東京 Chikara Meshi 當時以店鋪數量在短期內超過一百家，並以一千家分店為目標的態勢展店，之後在東京、神奈川、千葉、大阪等地僅有十一家店鋪（按：二〇二二年七月，僅有東京、千葉、大阪三家店）。明明在蔚為話題時，店鋪數量多到只要走在都市鬧區，就一定看得見。

為什麼數量會掉這麼多？其中一個重要的理由是，商品操作追不上開店腳步。由於**一口氣增加了分店數量，結果反而使得經營店面的工作流程，變得不完備**。

開幕準備期間短的風險就在於此。舉凡出現各式各樣的失誤、因效率差而讓客戶久候……倘若沒有好好培育員工，讓他們足以應對這些情況，店鋪就不能順利運作。當時，東京 Chikara Meshi 也受到媒體以「當今超人氣店家」的形象熱烈報導。雖然越是受到關注，越能增加認知度，但相對的也就容易出現顧客抱怨了。

只要員工接待客人時一有差錯，就立刻會被投訴。因為操作不順暢，出錯是理所當然的，但這種事與顧客完全無關。在不得不面對顧客的工作現場，這實在是太淒慘了。

店員手忙腳亂的工作，從顧客的角度來說，就是無法放鬆心情用餐，那麼無論菜單價格再怎麼便宜，顧客都將離去。

有一項調查結果顯示，客人會把「某家店差強人意」之類的惡評，告訴約十個人之多。與顧客認為「某家店很棒」時，平均會告訴五個人的情況比起來，「某家店爛透了」的惡評資訊更會迅速傳開。

現在透過社群網站，口耳相傳的評價更能輕易散播出去。恐怕這種資訊的影響程度，不會只停留在十個人。只要有顧客在美食網站給了差評，就會有大量的人點閱，店家也更難挽回頹勢。

此外，在店家無法營運的理由中，當然也和地點有關係。一旦經營者認為總之要先開很多家店，即使是差強人意的物件，也姑且決定設點；倘若業績目標吃緊，又開始認為：「不管哪裡都好，我要繼續開店！」於是，即便租金貴了一點，也會忍不住採取行動。

其實，東京 Chikara Meshi 在不斷增加分店數量的時期，我就曾覺得：「把店開在這種地方，根本是胡來吧？」雖然就商圈層面來說，地點並不糟糕，但店內格局歪斜不正，入口位於匪夷所思的位置，一走進去就感到狹窄，通道無法兩人錯身而過，餐券販賣機放在顧客看不到的地方，吧檯的座位過於緊鄰而讓人無法安心用餐……。

不只東京 Chikara Meshi 如此，有時我們也會看見這種型態怪異的店家，他們會勉強將狹小的物件改裝成店鋪。如果是個人店家採用這種格局還能理解，但連鎖企業就必須注意。想方設法勉強開店，反而會自取滅亡。

13 好的「空間感」，不可將就

餐飲店租金占營業額的一〇%左右，較為理想。如果一個月的營業額是一千萬日圓（按：約新臺幣兩百七十萬元），租金大約落在一百萬日圓（按：約新臺幣二十七萬元）為佳。要以一百萬日圓找到規模相當的物件，其實並不容易。即使如此，就如前文所述，要是公司有展店數量的業績目標，那麼即使是租金較貴或格局歪斜的物件，也會姑且選擇開業。

一旦反覆執行這種漫無計畫的展店模式，等到察覺時，一張損益表（按：Profit and Loss Statement，簡稱P／L）就滿滿全是赤字。此時若不立即採取補救措施，店鋪便無法維持下去。

總而言之，問題在於能否以顧客的視角來開店。客人**進出方便**、**用餐容易**、**回家輕鬆——能否針對這一連串的行動流程費心設想**，才是關鍵。「雖然店鋪的格局有點不適當，還是先開店吧」——這種自作主張的心態，絕對無法獲得顧客支持。

那麼究竟該怎麼做，才能開一家受顧客歡迎的完美店鋪？

例如，明明是一家利用翻桌率賺錢的店，店鋪面積卻過於狹小；反之，空間過大則沒有效率。不能讓顧客等太久、店內也不能有太多空位，若想**在滿座與空桌兩者之間取得絕妙平衡**，空間感就會決定了店鋪格局。

比方說，「吉野家」這類店家的標準當然是：「因為某一類顧客是目標客群，所以希望他們這樣利用我們的服務。這麼一來，最好大約有〇〇個座位。」只有吉野家才能創造專屬於它自己的完美店鋪型態。

許多瞄準路邊來展店的餐飲連鎖企業，它們的店鋪型態也都是固定的。**店面的空間要多大？廚房在哪個位置、占多少面積？圍繞吧檯區的座位要設幾個？靠窗桌位有幾個？乃至入口、出口處擺放餐券販賣機的位置……這些都有固定的規則**。只要將這些規則套用在目前物件的配置上，一家完美店鋪就完成了。如果是便利商店，四十坪就很夠用，而這當中要如何配置，才能讓顧客快速購物？其型態也多半都是固定不變的。

然而，假使無視這些型態，不管在什麼樣的物件都隨意開店，就無法創造出符合完美店鋪標準的店面，營業理念也將就此崩毀。於是，從只有十個座位的狹窄店鋪，到多達三十個以上座位的店家，各種格局奇形怪狀的店，就這麼開張了。結果，不僅店家的收益改變，操作模式也不盡相同。一切將分崩離析。

所謂的連鎖店，追根究柢還是屬於連鎖店體系，運用均一的商品、均一的操作模式、在均一的店鋪裡提供服務，才是重要的前提。有些許誤差在所難免，但要是偏離太多，就會釀成問題。

組合出對該業態而言收益性最高的型態，並且能堅守到何種程度才開店，和店鋪本身的品質優劣有高度關聯。在我們未察覺之處，連鎖店也正在進行周詳的店鋪開發計畫。

14 「需要時正好就在」的地點

日本「名代富士蕎麥」以市區為中心，開設了一百一十三家店鋪（按：二〇二二年達到一百三十家店鋪），除了以低價的蕎麥麵為主打商品，也供應丼飯，是一家以快速供餐為賣點的店。富士蕎麥非常適合想**獨自迅速解決一頓飯**的人，也因為創業者兼董事長丹道夫的堅持，店內一定會播放演歌。

就我個人的印象來說，富士蕎麥未必會把分店開在極優越的地點，不會讓人有「在人潮眾多的位置開店」的印象。

但是，它會讓人覺得：「不知道該吃什麼的時候，有富士蕎麥！」例如，當我第一次造訪某地，正心想：「這一帶沒有餐廳啊，還是午飯就不吃了……？」而打算放棄時，就會發現一家富士蕎麥。

比起餐飲店比鄰的商店街，富士蕎麥多半設點在穿過該條商店街出口後、立刻轉彎的路上，或是從商店街中段插進的一條橫向巷弄內，或是在車站下車後、店家零星的區域，或是再往前一點就到住宅區的十字路口處……諸如此類，感覺上**都是在讓人覺得「如果附近只有這家店，就在這裡吃」的位置上悄悄開店**。

富士蕎麥不是靠口味與正統蕎麥麵店一決勝負，只是能快速端出普通蕎麥麵的店家。

據說富士蕎麥的開店位置，**都是由創辦人兼董事長丹道夫決定的**。在創辦富士蕎麥之前，丹道夫在不動產公司闖出一番成績，因此在挑選物件方面的見解獨樹一幟。

如此熟悉不動產的創辦人找到的物件，位置都讓顧客認為：「得救了！」、「有富士蕎麥真好！」讓人覺得這種地點布局戰略，真是完美。

同樣開在不可思議的地點、讓人覺得十分方便的連鎖店，就是「CAFFE VELOCE」。它是連鎖店「Coffee House CHAT NOIR」的另一種營運型態，以東京都內為中心，共有一百七十四家分店（按：二〇二〇年八月，共有一百五十八家）。綜合咖啡一杯兩百日圓左右（按：約新臺幣五十四元）、價格親民，適合稍事休息時飲用。

至於日本連鎖咖啡店「羅多倫咖啡」（Doutor Coffee）等店家，多半是將店開在十分接近車站出口的地點，或是站前容易找到的地方。當想在車站附近消磨時間，或是和人約在附近碰面時，在一眼就能看到的位置，就有羅多倫咖啡。

另一方面，CAFFE VELOCE 未必都位於車站的正對面。它雖然會開在車站附近，但通常都遠離主要道路，或在面對大馬路的店鋪後方，這種地點選擇都稍微偏離了主流做法。

但住在周邊或是在附近工作的人，都知道 CAFFE VELOCE 就在那裡，因此顧客相當多。CAFFE VELOCE 的官網上寫著這麼一段話：「為了讓顧客每日都能愜意的享用咖啡，我們就**在容易找到、方便順道前來的位置**。」我想，言下之意就是：「把店開在每天造訪的顧客容易記住、方便利用的地點。」

從主流做法來看，CAFFE VELOCE 開在不太容易找到的位置上，租金應該也不高。相對的，每一家分店的面積通常都比較大。因為不是位在走出車站後舉目所及之處，也有些人不會發現這裡，因此給顧客一種可以久坐的印象。和車站前顧客大排長龍的咖啡店不一樣，他們的店正好適合悠閒的消磨時光。

「我就知道它會在這裡開店！」只要開店的地點能獲得顧客好評，就能確實的營運下去，富士蕎麥和 CAFFE VELOCE 就是極佳的範例。如果你在市區裡正愁找不到餐廳，可以試著找找看，附近有沒有這兩間店。（按：富士蕎麥已在臺灣展店。）

15 如何在紅海市場中避開廝殺？

東京是餐飲店的激戰區，其中競爭持續白熱化的，就是咖啡店。星巴克咖啡、塔利咖啡（TULLY'S COFFEE）、CAFFE VELOCE、椿屋珈琲店、猿田彥珈琲、上島珈琲店、珈琲茶館集……在這裡，有數量多到數不清的品牌正在拚鬥廝殺。

而在這些東京咖啡店的案例中，可以一窺獨特的戰略。

例如，在一九六四年創立的「喫茶室 RENOIR」，店內保留了昭和時代咖啡店的氛圍，主要受到高齡人士的喜愛。包含連鎖體系的分店在內，以東京為中心，一共開設一百四十家店，其中有一百二十五家，就位在東京都內（按：二〇二〇年七月，在日本共有七十七家分店，東京都內有六十九家）。

在氣氛寧靜閒適的喫茶室 RENOIR 裡，經常能看見穿著西裝、會面商談的人。就某種意義來說，或許它也被定位成「**城市裡的會議室**」。的確，如果是要找一個安靜的地方而走進喫茶室 RENOIR，你不會看見年輕人在裡頭吵鬧。店內設置了吸菸區，也吸引喜歡吸菸的顧客前去消費。

從地點上來看，比起選擇在車站前開店，不如說喫茶室 RENOIR 都是位在離車站稍遠的位置。雖然印象中主要都是知道店家地點的顧客在消費，不過之後也有越來越多分店，開設在大廈的二樓。由於店外經常能看見別有妙趣的招牌，令人十分難忘，「啊，這裡有一家 RENOIR？有點累了，就進去坐坐吧」，想必也有顧客是因此而駐足停留。

此外，同屬 RENOIR 體系的其他事業中，還有提供會議室租借的「My Space」。共有二十六家分店提供，數量並不多（按：二〇二二年七月時，有二十一家），但在這裡，顧客能透過預約制使用會議室。由於 My Space 是以類似租賃空間的形式營運，因此主要受到商務人士的歡迎。若和 RENOIR 的店鋪一併設置，顧客就可以點 RENOIR 的飲品，非常適合一面喝咖啡、一面談事情。

「可以當作租賃會議室使用的咖啡店，還有 Cafe Miyama 吧？」有些人會想到「Cafe Miyama」，而它也是 RENOIR 的系列店鋪。就像這樣，即使同樣提供咖啡店搭配會議室租借的服務，也會以好幾種店名，營造各自不同的氛圍，供顧客選擇。

咖啡連鎖業者完全是**紅海市場。在這當中，該如何與其他連鎖店區隔並存活下去**？我認為在今後的動向中，關鍵在於地點。

還有，來自美國舊金山的「藍瓶咖啡」（Blue Bottle Coffee），將日本一號店設於東京江東區的清澄白河，於二〇一五年二月開幕。這家咖啡連鎖店擁有高度堅持，因而號稱「咖啡業界的蘋果公司」；他們選擇**將店開在洋溢著居家氛圍的住宅區**——清澄白河，而不是銀座、新宿這類品牌力強大的城市。如此出人意料的地點，也成為大家熱議的話題。

對於要將日本一號店開在哪裡，藍瓶咖啡其實是做了大量的研究調查後，才選擇清澄白河。其中決定性的關鍵，據說是因為這裡和其總公司所在地——加州奧克蘭十分相似。

其實，清澄白河也保留了許多懷舊的日本喫茶店（老式咖啡館）。由於這裡也不斷有新的咖啡店出現，擁有容易讓咖啡店在當地扎根的區域特性。

在那之後，藍瓶咖啡似乎還不打算急速擴增分店，而是在充滿驚喜感的一號店營運穩定之後，才開始在青山、六本木、新宿、品川、中目黑等，這些在某種意義上算是「符合預期」（按：抱著「朝聖」心態上門）的地區開店，其營運狀況十分順利。

16 要時尚？要歐吉桑？

星巴克咖啡人氣、實力兼備，可說是日本咖啡連鎖業界的霸主，在構思開店戰略時，基本上是以人口數量為基準。這和第二章解說過的 7-ELEVEN 相同，都是採取主流的開店戰略。

但除了人口數量基準之外，星巴克多做了一件事——就是站在「建立品牌」（branding）的觀點。

注重建立品牌的星巴克，都選在東京都內二十三區的哪些地點開店？店鋪數量最多的是千代田區，第二是港區，第三則是澀谷區。在這些區域裡，它又選擇了哪些城市？港區有赤坂、六本木、青山；千代田區有東京車站周邊、丸之內等；澀谷區則有澀谷、原宿、表參道等。

如何？印象上與「感覺就該有星巴克的都會區」一致吧。如此一來，顧客前往消費的動機便會提升。在這些城市裡，你應該經常看到手中拿著星巴克咖啡、一邊購物的人。

日本星巴克前執行長岩田松雄說過：「我們是第五級產業。」接續在第一級、第二級、第三級（按：分別指農礦採集業、工業、服務業）之後，第四級產業是資訊科技產業；而岩田松雄定義的**第五級產業，則是指能創造嶄新價值、締造感動的企業**。舉例來說，「麗思卡爾頓酒店」（THE RITZ-CARLTON）和「Oriental Land」（按：負責營運、管理東京迪士尼樂園、東京迪士尼海洋的公司），都是第五級產業的代表企業。

星巴克咖啡也一直以「給予顧客夢想」為經營理念，因此，他們的開店方針並非只是選擇人多的地方，哪裡都行；他們抱持的態度，是只要該地區有許多願意來店光顧的顧客，就會開店。

星巴克咖啡提供的夢想，就是指「嘗試新口味星冰樂的興奮感」、「約會的期待感」。正因為他們將這些概念具體化、呈現在人們的面前，所具備的品牌力才能讓顧客覺得「就算只是見個面，也要去星巴克」。

另一方面，**店內時尚氛圍讓人感覺**和星巴克咖啡不分軒輊的，則是塔利咖啡。這兩家咖啡店經常被拿來比較，但其實兩者有一項極大的差異點，那就是設置吸菸區與否，以及與吸菸區相關的客群。

由於星巴克咖啡重視品牌形象勝過一切，因此年輕男女就是其主要客層。追求這個客群的結果，就是所有分店都禁菸。據說，「不破壞咖啡的風味和香氣」，也是星巴克全面禁菸的理由之一。

反觀塔利咖啡，則是設有吸菸區座位，並確實的區隔禁菸區和吸菸區。有一定數量的顧客，會想在業務商談空檔、等人的空閒時間抽根菸。儘管吸菸人數正逐漸減少，但仍有許多吸菸人士因為法規禁止邊走邊抽菸、吸菸處很少而困擾不已。他們會選擇的，就是設有吸菸區的連鎖咖啡店，或可以抽菸的餐飲店。

因此，東京都心的連鎖咖啡店吸菸區，總是**呈現出一股儼然歐吉桑休息室的樣貌**。每當我走進塔利咖啡，都感覺中年男性客層明顯增加。

事實上，創業初期的塔利咖啡，就是以港區的商業辦公室為中心設點，上班族都認為這是一家可吸菸的西雅圖式咖啡店（按：是指以美國城市西雅圖為發祥地的咖啡，和過去使用淺焙咖啡豆的美式咖啡完全區隔，西雅圖式咖啡是以義大利咖啡店，或酒吧提供的濃縮咖啡為基底，再變化而成）。在可以吸菸的餐飲店不斷減少的此時此刻，選擇在人潮眾多的車站前，以及缺乏吸菸區和可抽菸店家的地段開店，塔利咖啡身為一座「愛菸人士的綠洲」，確實聚集了和星巴克咖啡截然不同的客群。

17 連鎖巨人闖進地盤，私人店家靠啥迎戰？

對於私人經營餐飲店的老闆來說，相同業態的連鎖店便會成為競爭對手。若自家店面附近開了一家價格便宜、出餐速度又快的連鎖店，當然會害怕客人被搶走。

或許有老闆會感嘆：「那家連鎖店開幕之後，我們就完蛋了……。」但在放棄之前，希望各位先了解自家店鋪和連鎖店之間有何不同，如果對手有值得效法之處，也應該向他們好好學習才是。

你認為，所有外食業者的平均月營收總額，大概是多少？

答案是大約落在五百萬日圓上下（按：約新臺幣一百三十五萬元）。如果是連鎖燒肉店，由於單價較高，因此大約會是在一千萬日圓至一千五百萬日圓左右（按：約新臺幣兩百七十萬元至四百零五萬元）。因此，連鎖店的營業額若超過一千萬日圓，就是生意極佳的店；反之，若是落在三百萬日圓至四百萬日圓（按：約新臺幣八十一萬元至一百零八萬元），表現就不怎麼出色了。

例如，連鎖中華料理餐廳「日高屋」之類的店家，生意好的時候，營收也都有七百萬日圓至八百萬日圓（按：約新臺幣一百八十九萬元至兩百一十六萬元）。但如果是夫妻經營的中華料理店，月營業額大約會是多少？答案是大約八十萬日圓至一百二十萬日圓（按：約新臺幣二十一萬六千元至三十二萬四千元）。

即使和外食連鎖店的平均營業額相比，這個數字也實在低得太多了。就這層意義來說，所謂的連鎖店有好幾項優勢：首先是經營合理化，可以在創造高營業額的好位置開店，相關業務的處理流程也得以簡化。

說來不怕你誤會，**連鎖店的食物通常會讓人覺得沒多好吃，但也不難吃**。「不難吃」雖說是最低標準，但因為各家企業的努力，這道標準每年都往上提升。

如果是私人經營的店，週末、國定假日會休息，還有定期的店休日，都會讓顧客意外撲空。但是，連鎖店基本上是不休息的。姑且不論加盟主是否要親自烹調料理，原本就是每天營業到晚上十點、十一點左右。加上便利商店是二十四小時營業、三百六十五天全年無休，最近也有二十四小時營業的連鎖居酒屋，因此私人店家和連鎖店的營業額差距之大，也就不足為奇。

要和這類的連鎖店競爭，私人店家的態度和做法若是馬虎，就絕對沒有勝算。了解連鎖店的結構、將它當作一種刺激來承受，我相信經營私人店鋪的老闆，也會改變做生意的方式和意識，或許就能和連鎖店勢均力敵的交戰。

18 創業者的感覺，得讓人學得來

在地點布局戰略上，經營者的想法、思維，都比想像中更具個人特色。聽說許多餐飲店的經營者，都有甩動平底鍋、親自下廚的經驗，他們用自己的美味料理款待客人，當時忘不了客人的一句「謝謝」所感受到的喜悅，於是就擴大規模……這正是連鎖店創業故事的固定模式。

比方說，以首都圈為中心、拓展約達三百六十家分店的中華料理連鎖店日高屋，據說時至今日，都還是由創辦人兼董事長神田正決定所有的開店地點。日高屋之所以無法突破四百家分店，或許這也是其中一項原因（按：此為成書當時的資料。二〇二二年七月時，分店數已超過四百家）。神田原本是一位廚師，在大宮（按：原埼玉縣大宮市，現在已和浦和市、與野市合併為埼玉市）的拉麵店發揮料理才能，因此在他個人過往的經驗和背景中，就有一套判斷開店位置好或壞的標準。

過去四十年，有許多連鎖餐飲店，都是以日高屋這樣的方式擴大規模。但是，如果要以這種做法繼續往外拓展，將會越來越難。有越來越多企業的營運剛好來到停滯狀態，為了進一步成長，就必須採用在其他業界活躍的新血才行。事到如今，也應該體認到，這個時代得要這麼做，才能有所成長。

正因如此，才必須趁著經營者還健康時，**將他腦中的想法全部具體化，並化為公司內部的執行流程、保存下去**。關於開店布局也是一樣，假使目前都是由經營者決定一切，而沒有立刻向他探聽相關的知識技術，再整合進工作架構，就可能發生重大的錯誤。一旦傳承不確實，當企業失去了經營者，往往就迅速走向衰敗。

一位創業者，特別是第六感敏銳的創業者，都不太可能會選錯開店位置。他們**依據過去的經驗、直覺判斷**，把店開在自己認為最好的地點，於是獲得成功。因此，若是和這樣的人商量，我會對他們說：「請順從自己的感受來做事。」不過，當企業規模成長到十家、二十家、三十家店，創業者也很難親自看過物件再決定。因為身為經營者，還有許多其他必須處理的工作。

因此，儘管將店鋪開發工作託付給部屬執行，但交付時未必能傳承自己的第六感，有時候就會出現破綻。有些公司一直都是在創辦人找到的物件上經營成功，但成立店鋪開發部門、將業務交託給部門主管之後，立刻就無法獲利……這樣的故事時有耳聞。

如果可以，希望在這種時刻，能仰賴擁有清楚邏輯、依據的過來人，也就是外部專業領域人士，**讓事務在某種程度上得以整頓，進一步建構出流程**。有些公司無法順利提升分店數量，通常是因為無法掌握創辦人挑選地點的第六感。

即使創辦人對某個地點很有感覺，部屬依然模仿不來。不過，只要充分分析成功的分店地點，就可看出該區人口大約多少、競爭對手的樣貌如何、選擇的物件應該有多大等資訊。如果能客觀說明這些資料，那麼無論是誰，都一定能夠了解。我們的工作，就是代替創辦人分析和整理客觀資訊。

還有，有些人會一直認為「以前這樣做就很好」，而無法完全捨棄過去的成功經驗，但如果不能抓住時刻變化的時代潮流，並好好的應對，這些人遲早會被淘汰。掌握趨勢，也是重要的關鍵。

重點整理：餐飲業的地點布局戰略，你得學會這套真傳祕技

- 並非人潮多就是好。城市的樣貌會因白天和夜晚的不同而迅速改變，你應該看清區域的特質。
- 便利商店用餐區等新的競爭型態出現時，餐飲店也應徹底實踐：「要讓顧客選擇我們，首先就要與眾不同。」
- 在「模仿文化」盛行的餐飲業界，商業模式和品牌建立的興衰消長非常激烈。這是一個唯有洞燭機先才能生存的殘酷世界。

——在新業態接連誕生的餐飲業界，要能看出地點布局戰略中的精髓。

第4章

地點學派不上用場？
不拘泥於地點的業態

截至目前為止，我以開店攻勢激烈的業界為例，解說了地點布局的戰略。不過本章會反其道而行，要和這樣的地點布局戰略區隔，說穿了，就是介紹「不靠地點布局戰略、完全不需拘泥於地點」的業態。

連鎖便利商店、餐飲店正為了爭奪地點而激烈交鋒，除此之外，卻有些業態不拘泥好地點、從容的持續經營——它們的型態到底是什麼？

其實，這類業態並非全都因為相同的原因，而用不上地點布局戰略，大致上可分為三個理由。在了解這三個理由和背後始末之後，相信你就能深入理解，商業模式和地點之間，有多麼深厚的關聯。

此外，從「不堅持地點的業態」的開店位置，應該也能啟發「重視地點的業態」的布局戰略。以優衣庫、驚安殿堂．唐吉軻德，到當地的洗衣店、美髮沙龍為例，本章將會提及許多和生活密切相關的企業和店家，就請各位一邊學習，一邊閱讀。

1 有強大的品牌就不堅持地點

在服飾業界持續擁有超高人氣和優勢的，就是以「優衣庫」品牌為人熟知的迅銷公司（FAST RETAILING）。最初以低價、高機能的搖粒絨（fleece）廣受歡迎，而後包含保暖發熱衣、特級輕量羽絨、牛仔褲等，接連推出的基本款人氣商品，也都以具備特殊機能、任何人都能舒適穿著的特點廣為人知。迅銷不僅在海外開設了許多分店，在全球也是知名企業。

說到優衣庫的分店，各位都是在哪些地方瞧見它們的蹤影？購物中心一隅、郊外的路邊、時尚大廈的高樓層、都會區的路面門市、車站裡頭……想必有各式各樣的位置浮現在腦海中。從使用了大廈好幾層樓的大型店面，到縮限商品數量的小型店家，店鋪大小也各有不同。如此一來，和齊備一定數量商品、著重於人潮往來街道的便利商店相較，優衣庫在某種意義上，可說是無論在哪裡都能展店。

優衣庫之所以能做到這一點，是由於擁有非常強大的品牌力、吸引力。如此一來會發生什麼狀況？當市中心的百貨公司營業額下滑，打算找「能吸引顧客的租客」時，就會浮現優衣庫這個名字。由於優衣庫未必會販售高級的商品，因此在很久以前，當他們要進駐百貨公司，都會給人一種格格不入的印象。

然而，如今優衣庫總是占據百貨公司一樓、二樓強勢展店，這樣的情景也不再罕見了。百貨公司的租金絕對不便宜，但就是因為認為即使以大面積店面展店也不會虧損，才會如此決策，由此可知這個品牌的吸引力有多麼強大了。

因為優衣庫強大的吸引力，**顧客才會特地前往**。於是，顧客在百貨公司逛街時，也會想要逛逛其他店家或決定用餐。

沒錯，像這種吸引力強大到不需要地點布局戰略的商店，本身就會像磁鐵一般招攬顧客。也許可以說，「有優衣庫的地方，顧客就會來」也不為過。顧客往往是因為「去逛優衣庫吧」、「去逛驚安殿堂・唐吉軻德吧」等理由而光顧，該店本身就是顧客光臨的目的。

打個比方，如果你想要買個飯糰或麵包當早餐，即使決定去便利商店買，應該也不會特別堅持要去 7-ELEVEN 或是全家，只要旁邊剛好有便利商店，就走進去了。

然而，像優衣庫、唐吉軻德這類擁有強大品牌力的店，當然也有些顧客是偶然路過而造訪，但多數來店的顧客模式，都是：「天氣變冷了，去買件優衣庫的發熱衣吧」、「去唐吉軻德，一次買齊週末的烤肉用具吧。」

這樣的業態非但不會傾注全力在地點布局戰略，反而成為一塊布局戰略上的磁鐵。與其說這類企業吸引人潮的力量凌駕於布局戰略之上，不如說它能招攬其他企業，這算是相當少見的案例。

2 本身就是能聚集人潮的引導設施

像是優衣庫和剛才稍微提及的唐吉軻德等、宛如磁鐵一般的店家，在地點布局戰略中被稱為「顧客引導設施」。

「驚安殿堂・唐吉軻德」是一家綜合性的折扣商家，其賣點在於從日用品到電器產品均有販售，顧客能以低廉的價格購買；店內從地板到天花板，密集陳列了大量商品。有些店在每一層樓都擺放著許多貨架，狹窄而複雜的通道有如迷宮，也有許多人是抱持著造訪遊樂園的心情上門。它的目標客群以年輕人為主，在日本主要都市設有多家分店。

唐吉軻德展店的特徵之一，就是傾向「不便到達的地點」。尤其是市中心的分店，雖然都是能從車站走路到達的距離，但比起緊鄰車站的地點，幾乎**所有分店，都還需要徒步一段時間才到得了**。明顯的例子像是澀谷或中目黑的唐吉軻德。無論是哪一家分店的位置，都讓顧客覺得：「雖然走得到，但有點麻煩。」、「下雨天要走過去可就辛苦了。」

或許你會認為，如果再離車站近一點，不僅走進店裡的顧客會增加，也能賺更多錢。然而，唐吉軻德是一家以「便宜價格」為賣點的店鋪。或許也有一種考量，是要在租金和收益的平衡之下，取得離車站近的物件，才會在顧客得從車站走上一段路程的便宜地段開店。

儘管如此，如果顧客完全不上門，也無法做生意吧？即使遠離車站有其風險，它們依然刻意選在這些地方展店，又是基於什麼原因？

答案也同樣是：「因為**唐吉軻德本身**，**就足以成為顧客引導設施**。」所謂顧客引導設施，就是吸引顧客的設施，也就是客人會聚集的場所。

用容易理解的例子來說，舉凡足球場、棒球場、遊樂園這類設施自不在話下，還有大量旅客上下車的車站、緊鄰車站的商業設施、百貨公司、購物商場；郊外則包含大型十字路口、幹線道路、高速公路交流道等，這些全都是**能聚集眾多人潮的場所**，**因此可以稱其為顧客引導設施**。

然而，並非任何場所都能成為顧客引導設施，必須是在某種程度上具有高度目的性的地方，一定要讓客人萌生「想去那裡」、「非去那裡不可」的目的才行。因此，就算多少有點不方便，人們依然會特地前往。

顧客會抱持「今天就去唐吉軻德逛逛吧」的目的，因此就不必那麼重視地點好壞了。既然許多人都是專程跑一趟、購買大型商品，或是一次把東西買齊，那麼開車的人想必也很多。所以，就算店鋪位於距離車站稍遠的地點，也能持續經營，唐吉軻德便能以低價販售商品。

3 人潮會消失，不是鬧區都適合開店

在此有一點要注意，**就是有些場所看似是顧客引導設施，實則不然。最應該留意的就是「大學」**。你知道為什麼嗎？

像日本早稻田大學的所在地「高田馬場」這類區域，無論何時看起來都非常熱鬧。確實，這裡不但是學生街（按：意指學校周邊商圈），也是擁有商業性質的辦公商業區，雖然沒有什麼大問題，但若是近郊大學的周邊，就要特別小心了。

觀察入學典禮前後的商圈情況，由於此時有大量的學生往來，或許會感覺人潮眾多。但請各位回想一下大學時代，一年當中恐怕只有三分之二左右的時間會到學校吧？如果有些讀者回答：「才沒那回事！」那你可真用功。儘管如此，各位應該還記得大學的暑假、春假等假期，都比高中之類的學校來得長，上課時間其實比你想像中的還短。

所以，如果試著觀察一整年的情況，你會發現，學校商圈有相當長的時期都處於冷清狀態，不可能一年到頭都擠滿學生。此外，郊區的大學會位在較寬廣的土地上，周遭也會有普通住宅區、田地或山林。在這種情況下，這裡自然就不會有大量「學生以外的人」聚集了。

因此，只是看見一時的熱鬧景象、預測會有不少學生客源，便開了一家便宜的定食餐廳，結果不賺錢的時期卻出乎意料的多，再加上無法期待其他客層上門，於是餐廳就更難經營了。想要在大學附近開店、開餐廳，必然有其風險。

4 不在一樓，就得做到讓人慕名而來那一天

「為什麼便利商店都在一樓？」已讀過先前內容的讀者，應該會覺得這個問題實在太簡單了。

沒錯，便利商店的目的性低，無法成為顧客引導設施，因此必須多費點心思在「讓顧客選擇自己，而非其他店家」這一點上。一般的餐飲店也是如此，你應該不會特地前往位於大廈高樓層的便利商店吧。

餐飲店也一樣，要讓顧客覺得「好想吃那家店的某樣菜色」而特地來消費，並不簡單。擁有知名廚師、因為媒體報導而受歡迎、全國僅此一家……諸如此類的餐廳都有高度目的性，所以即使稍微不方便到達，顧客依然會造訪。但如果是連鎖商家，顧客不管在哪裡用餐，都是同一份菜單；又如果是私人營業的店家，如果沒能抓住回頭客，就無法經營下去。

為了招攬更多顧客，餐飲店還是要開在一樓，顧客才會想上門光顧。雖然從混居大廈的地下室到五樓，都看得到餐飲店，但我認為沒有人會特地到每一個樓層，去觀察店面外觀吧。

比起地下樓層和二樓以上樓層，一樓的租金之所以最貴，就是因為顧客從外面就看得到店鋪，也方便進入。位於地下樓、二樓以上的店面，就必須讓顧客上樓或下樓到該樓層。儘管租金相對便宜，但為了招攬顧客，店家還是得多花心思發傳單，或是在大廈一樓放置立式看板，再廣播店家的相關訊息才行。

總而言之，即使因為「租金便宜」而把店開在地下室、二樓以上樓層，也很難讓顧客上門。因為**顧客不知道店內是否擁擠，或有沒有空位？店內有多大空間、提供什麼樣的菜單，他們都不清楚**。若不具備相當威力的好評或口碑，你的店就不會是顧客的首選，他們會直接路過，也是無可奈何。這樣是行不通的。

連鎖的牛丼餐廳、漢堡店都開在一樓，理由也是一樣。因為有為數不少的顧客會覺得：「如果還要走到地下室，那麼吃前面幾十公尺的另一家連鎖牛丼餐廳也好！」要是顧客覺得某家店要走上三樓很麻煩，後果就會演變為：「還是吃便利商店的便當好了。」

店家本身無法成為顧客引導設施的話，會想方設法在顧客方便進入的地點開店，並且持續追求更好的地點，理由就在於此。

5 在購物中心開店，要看懂開發商心計

散布於各地的購物中心，就是一座座貨真價實的顧客引導設施。但**以購物中心來說，與其將它視為顧客引導設施，不如將它視為「商圈」來掌握，**在開店地點上，就更容易思考了。

在購物中心，基本上商場裡的人潮就是店家的來客數。有多少人來，將左右絕大部分的營業額。若是路邊的某家店鋪，那麼以店家為中心、往外推半徑幾公里的範圍就是商圈，但購物中心本身就自成一個商圈。

在購物中心裡開店，最容易理解的指標就是「整個商場有多少營業額」。舉例來說，若在一家每年來客數五十萬人的購物中心，與另一家每年來客數三百萬人的購物中心之間選擇，當然應該在後者開店。因為該購物中心的來客數，就是店家顧客數的分母，不來購物中心的人，不可能成為店家顧客。

因此，**若你正考慮在購物中心裡開店，就應該先詢問地產開發商**的負責

人，了解購物中心的預估營業額及其數字根據。日本一家營運順利的購物中心，每年營業額應達到三百億日圓（按：約新臺幣八十一億元）左右；而營運不佳的購物中心，每年營業額頂多數十億日圓。

如果有這樣的營收差距，那麼應該在哪一家商場內開店，答案便呼之欲出了。在這兩種購物中心開店，營業額將截然不同。三百億日圓的那家不僅規模大，店家種類也繁多，和競爭商家之間的戰爭固然艱辛，但假使將這三百萬人除以店鋪數量，相信依然比數十萬人的購物中心更能獲利。

目前，**購物中心多半稱為「二核心一商場」**，以兩個核心、一個商場的定義來呈現店鋪配置。例如，以超級市場、家居園藝零售賣場（按：home center，為和製英語，主要販售與日用雜貨、住宅設備相關的商品，例如英國最大的家庭及園藝用品連鎖店「B&Q」就屬於此類）為**兩大核心，分別配置在整體設施的兩端**；兩者之間則以長長的通道（商場）相連，通道兩旁配置了各式各樣的店鋪。換言之，「購物商場」這種型態的商城，正逐漸增加。

包含超級市場、家居園藝零售賣場、家電量販店、運動用品店等，這類較多人會前往購物的業態，會被選為核心店家。由於核心店家處於整個購物中心的兩端，因此打算前往各家店的人，必然會來來往往。透過這種方法讓人潮來回移動，整間購物中心就有如一座在顧客引導設施之內的兩端，又布置小型顧客引導設施的建築。

至於商場中比鄰排列的商店，由於在核心店家之間移動的人會順道上門，因此當中的服飾店、雜貨店、可稍微填飽肚子的餐飲店就能獲利。前往商場的路上有冰淇淋店，當你看見有人潮排隊享用，自己不也會食指大動嗎？但是，假使冰淇淋店遠在商場的另一頭，就算你知道該店，若非天氣酷暑，也不會特地走過去。主要是因為順道路過的地方有一家店，你才會忍不住購買。從這樣的安排開始，到如何配置購物中心內部的店鋪，各家店的營業額也會有微妙的變化。

例如，「LAZONA川崎廣場」就是一家直接連結神奈川縣川崎車站的大型購物商場。二〇一四年度的銷售額為七百六十七億日圓（按：約新臺幣兩百零七億元），位居全國購物商場的營業額排行榜之冠。聯接至車站的東側，有一家占據一樓到四樓的「必酷」（按：BIC CAMERA，日本知名大型連鎖家電量販店）；另一邊的西側，一樓是家居園藝零售賣場「Unidy」，二樓是大型生活雜貨連鎖店「LOFT」，三樓是婦嬰用品店「阿卡將」（Akachan 本鋪），四樓則是遊戲娛樂中心「南夢宮」（NAMCO）和鞋子連鎖店「ABC Mart」。在這兩端之間，還有許多餐飲店、服飾店、雜貨店鱗次櫛比。

此外，我認為各樓層也都配置了「兩個核心、一個商場」。緊鄰商場的部分是中庭天井構造，因此當顧客走在某側時，一旦想要前往另一側，就會因為能通過的地方有限，所以得繞上一大圈。在抵達目標店家之前，顧客會先到處走走逛逛，便會增加逛街途中「順道走進其他店家」的機會。如此景況有如一幅人潮洶湧的鬧區縮影，這就是為什麼我會說「購物中心是一個商圈」的緣由。

6 你能看出一個顧客引導設施引導了誰嗎？

你知道二〇一一年十二月在東京都代官山開幕的「蔦屋書店」嗎？藉著嶄新的書店經營概念，相當受民眾歡迎。

不像一般書店裡整齊擺放書籍，蔦屋書店展現了書籍陳列和擺設配置上的巧思，店內氛圍甚至讓人想稱之為「藝術空間」。明明是書店，卻宛如一家酒吧餐廳，不僅在天花板照明燈下方，設置了寬大而奢侈的沙發區，還擺設了鋼琴。當然，書店中也一併設置了閱覽休息區。

更值得一提的是，這裡還有稱為「薦選守門人」（concierge）的專業工作人員，當顧客表示「我想找一本這樣的書……」時，這些人員就會提供建議。大廈內部甚至還有便利商店、醫院等設施，因此整體氣氛宛如形成了一個商圈。到了假日，顧客更是絡繹不絕。當然，這裡的全家便利商店並非以常見的清爽藍色、綠色為基調，而是配合蔦屋書店的氛圍，打造出深咖啡色的外部裝潢。

呈現出如此樣貌的蔦屋書店，就在距離代官山車站、步行約五分鐘的舊山手路上。**原本這裡**是一條靜謐的道路，坐落著許多只有內行人才知道的品牌商店，主要受到女性客群的歡迎。周遭不僅綠意盎然，也不像新宿、澀谷等城市有許多店鋪並排坐落，因此在這裡**能夠閒適的享受購物樂趣**。

然而，在蔦屋書店落成後，氣氛就完全不同了。安靜的道路開始人滿為患，到了週末，只要人一多，也會陷入車輛壅塞的狀況。

蔦屋書店已經成為一家十足強大的顧客引導設施。這份吸引力越強烈，就越能招攬更多顧客，足以徹底改變市街的風景。蔦屋書店當時在日本全國只有幾家分店，有相當多人懷著想參觀、想走一遭的心情造訪（按：二〇二二年八月，日本共有十九家）。

只要有一家顧客引導設施擁有「改變人潮的力量」，附近的餐飲店也會隨之增加。事實上，蔦屋書店的周邊，早已如雨後春筍般出現了許多咖啡店。稍微參觀一下書店，然後喝杯咖啡、休息一下……想必許多人都想要來一趟這樣的行程，於是店家就有機會獲利。與其說這些咖啡店是以低價為賣點，倒不如說大都是小清新店家，是為了「以蔦屋書店為目的地，並期待享受令人欣羨的假日」的人而存在的。

即使是商品價格稍貴的咖啡店，如果顧客看到每家咖啡店都人潮眾多，自然會認為「這家應該也無妨」而毫不猶豫的走進任何一家吧？目前代官山的人潮依然湧躍，因此現在在這裡開咖啡店，或許正是好時機。

如同蔦屋書店和咖啡店，也有一些業態能和「特定的顧客引導設施」展現高度親和性。舉例來說，和牛丼餐廳「吉野家」高度協調的顧客引導設施，就是場外賽馬售票場。

去看賽馬的人會在賽事前後用餐，而吉野家恰好是個好選擇，因此位於場外賽馬售票場附近的吉野家，營收相當可觀。聽說依據地點不同，附近有無售票場的吉野家之間，會有高達三百萬日圓（按：約新臺幣八十一萬元）的營業額差距。

除了吉野家，我想也會有許多平價、能快速享用餐點的連鎖餐飲店，坐落在場外賽馬售票場旁，以及自行車場、競艇場和大型柏青哥店附近。在這樣的場所周圍，即使開了一家高級法式餐廳，應該也不會賺錢吧？就算開設一家以女性顧客為主的店，想必也不太會有人造訪。

什麼樣的設施，才能成為自家店面的顧客引導設施？什麼樣的設施，才能化為磁鐵、吸引人潮？

市中心的車站當然可以吸引人潮，但你必須思考一下，適合目標客層的顧客引導設施會是什麼樣貌？請你先確實理解自家企業的顧客樣貌，再看看那些客群聚集的設施都在哪裡。

7 投幣停車場不是爲了給你停車而出現

對於駕駛人而言，明明期待該有的卻沒有，因而時常深感困擾的設施，應該就是「投幣式停車場」了。想在初次到訪的地區停車，卻找不到停車位……。「明明這一帶有很多停車場，為什麼這條路上就是沒有？」你曾有這樣的經驗嗎？

或者無論怎麼找，就只在很難停車的斜坡上，看到停車場；要不然就是在單行道的巷道內，找到只能停進一輛車的停車位。你是否經常在這些讓人匪夷所思的地方，發現停車場？

這些投幣式停車場之所以位在不可思議的地點，恐怕都是以「期間限定」的模式坐落於該地。換言之，目的只是為了有效利用土地的空窗期。

舉例來說，當大廈出售而要重新建設時，就會先拆除目前的大廈，將土地改為建地。而這個變成建地的位置，就會暫時改建為投幣式停車場。

或者，當原本的土地售出或是被拍賣時，就會在所有權移往下一位持有人之前的這段期間內，以停車場的模式出租。一旦所有權成功轉移之後，就會面臨被夷平的命運。

這就是所謂的「利基產業」（按：來自英文「niche」的音譯，原意是指牆上放置神像、花瓶等物品的淺洞。行銷學引用「niche」的意義來形容，某種特定商品所形成的小市場，具有特殊需求、需要客製化，且並未受到大企業矚目，因此利基市場（niche market）便是「乏人問津但有利可圖的市場」之意）。為了不閒置土地，即使短期改建為停車場也能獲利。若什麼都不做，就無法賺錢，停車場只要一開始建置好，錢就會進帳了。據說現在停車場的設備都簡化了，因而更容易投資，所以若將土地改為建地，接下來就只要鋪上混凝土、建置機械。以大型連鎖投幣式停車場來說，這類工作也都承包給相關業者執行。

有些區域之所以會突然變成停車場，或是駕駛人明明記得有停車場，但事隔一段時間再去，卻發現已經不是停車場了，原因就在於此。

當然，你也可以假設：「只要這個區域設有停車場，就會有一定的需求吧？」但我們都不知道，該區域的土地是否正好空出來。連鎖企業雖然會持續得到各類資訊，但光靠這點情報，有時候也很難有計畫的推動展店工作。

順帶一提，停車費會配合該土地的價格、租金來設定，因此鄉間郊區的停車費就會比較便宜；若是在市中心條件最好的土地，有時候只是打算買個東西而停留數小時，卻發現停車費竟然比購物的金額還要貴。這都是依據土地的便利性而有所不同——人潮聚集的土地，就是能賺錢的土地——因此停車場的價格也會提高。

據說現在禁止停車的規定更嚴格了，於是宅配業者也會利用投幣式停車場停放貨車。停車場的數量似乎會因為需求而不斷增加，但投幣式停車場的地點，在布局戰略上的條件都會有些嚴苛，因此最好別認為這些業者會以使用者為優先。

8 如果只是窗口業務，不必堅持好地點

好幾家相同業種的店鋪，在路上並排著——你看過這樣的街道景象嗎？較具代表性的業種，或許就是「洗衣店」了。通常一個市區裡不會只有一家洗衣店，而是有各式各樣的連鎖店、私人店家，在鄰近位置上開店。同一條商店街坐落著好幾家洗衣店也不足為奇。

那麼，在找洗衣店時，各位是以什麼標準來選擇的？

有些人會要求店家細心的處理，另一方面，應該也有不少人會以價格來決定。舉凡導入會員卡機制的店家、一次送洗一定的件數就有優惠的店家、成為會員就能享有折扣的店家……商家本身也會以價格來謀求個別差異，沒錯吧？

此外，也有些人覺得只要離家近，不管哪一家洗衣店都好。只要附近開了一家新洗衣店，而且收費比過去常光顧的店家還更便宜，就會毫不考慮的

轉換。這樣的情況，都是顧客根據地點的便利性來選擇的。

關於洗衣店的經營模式，有些是在店鋪內實際清洗、熨燙，也有些店家單純接受委託，實際的清洗作業則是配送到工廠執行。只接受委託的洗衣店，基本上都屬於加盟連鎖模式，窗口業務（也就是轉交衣物）才是他們的工作。

僅僅執行轉交工作的洗衣店，只要在窗口負責收取衣物、將單據交給顧客，接著委託業者清洗，就可以營運了。不用特別努力經營也無妨，只要工作人員待在店內，顧客就會自動上門。**對品質有特殊堅持而選擇洗衣店的人並不多**，顧客都只是因為某處剛好有一家洗衣店，就上門消費。反過來說，洗衣店也很難成為大排長龍的人氣商店。

只要店內不擁擠，店裡的工作人員只負責收件，那麼即使只有一個人也可以經營。僅僅讓一個人足以維生的利潤，只要有基本來客數，就能營運下去。換言之，即使附近有一大堆競爭店家，如果是僅處理收件工作的店鋪就能營業，也能支持員工生計。如此一來，就算不拚命找好地點，若能選定適合的位置，還是能勉強營運。

當然，加盟連鎖的權利金是一大關鍵。若店家不賺錢，企業總部便會很頭痛，加盟主本人既賺不到錢，也付不出權利金，因此某種程度上就能看出地點的重要。不過，洗衣店的競爭一定沒有便利商店、餐飲店那麼激烈。

9 別認爲附近只有我一家。對手環伺啊

這是十年以上的事了。有位在鹿兒島縣德之島經營超市的總經理，突然來到了敝公司。

德之島是一座位於奄美群島中央的離島，轉乘飛機到東京要五個小時，實在相當偏遠。當時這位總經理連預約都沒有，就這麼突然蒞臨，恰好在公司裡的我便接待了他。他主要是找我商量一個問題。

總經理十分認真的問我：「我們是德之島上唯一的超市。因為店面已經陳舊不堪，打算要將它遷移到其他地方。但是不知道應該搬到島上的哪個地點才好？」

各位讀者，請稍微思考一下。你認為該遷移到哪裡才適當？

我的答案是：「這是島上唯一的超市，對吧？那麼，搬到哪裡都可以。因為如果島上僅此一家超市，大家都會去那裡買東西。」

島上唯一的超市，具備相當強大的稀少性。由於根本沒有對手能取而代之，因此島上的人只好都去那裡購物。就算店面遷移，島民也還是會隨著移動過去，營業額不會有太大的落差。這是理所當然的，若沒有競爭對手，老實說，在哪裡設點都無所謂。

我認為只要思考一下，就可以明白這個道理。儘管如此，這位總經理依然試著找出對顧客來說更方便的地點，於是特地來東京與我商量。他這種認真的態度，至今仍令我印象深刻。目前德之島上似乎已經有好幾家超市了，我一直很想找一天，去看看那位總經理的超市。

話雖如此，但這是相當特殊的案例，毫無競爭對手的情況十分少見。如果硬要舉例，就像「好想請那位名醫為我看診」、「這種病就只有這個地方，有專科醫師能診療」……來自各地的人為了接受治療，因此蜂擁來到醫院。這樣的醫院，或許就沒有競爭對手。

如今，一家普通的超市除了同業以外，還可以列舉出好幾種競爭對手。不僅二十四小時營業的便利商店會構成威脅，販售品項擴及食品領域的百圓商店、藥妝店等，也都相當棘手。

正因為強大的競爭對手眾多、戰況廝殺激烈，才更該提前思考地點布局戰略。「我的店在這裡！」你必須如此彰顯自家店鋪的存在感。

10 你能否熬到成爲名店？

「在這種地方，竟然有一家知名甜點師傅開的蛋糕店？」就你所知的商家中，是否也有這樣的店？它們可能距離車站較遠，或是位於沒什麼人經過的小巷弄內。如果有讀者回答：「有。」那麼該店應該就是所謂的「總店」，也就是最初開設的「第一號店」吧。

超人氣甜點店「LE PATISSIER TAKAGI」的總店就位在東京的深澤，位置距離車站稍遠。它原本就深受當地人喜愛，現在已是日本十分知名的店家，總店仍然位於當時創業的所在地（按：已於二〇一九年搬遷至新店鋪）。

同樣聞名世界、擁有多種品牌和店鋪的辻口博啟先生，他最初創立的蛋糕店「Mont St. Clair」，從自由之丘車站步行前往，得花上十分鐘。

像這樣，即使後來也在市中心的百貨公司裡設點，成為眾所皆知的名店，但最初開店的位置，也就是總店的位置，仍舊會維持在原本的地點。明明把店開在距離車站更近、人潮更多的地方，客源也可能會增加，但它們依然留在原地點、持續經營，這樣的店家並不少見。其中最大的理由，或許是它們希望守住創業之地，以珍惜創業時的理念吧。不僅如此，這些店家因為已經有了名氣，所以就算位於交通稍微不便的地點，還是會有顧客特地前往總店，這很重要。

換言之，就是相當有利可圖。由於品牌力提升、吸引力變得強大，於是顧客就前往消費，和店鋪的地點並無關連。

儘管最初選在條件不利的位置上開店，只要在當地創造出名聲就能成功。也許就是因為對自家商品的口味有自信，認為就算在這裡開店，客人也會來，這樣的開店模式就能成立。如果你有自信，一開始就不需要選擇表參道、青山這類絕佳地點。

除了一號店的情況之外，或許在你所處的城市裡，也有那種自創業以來就一直深受在地人歡迎的蛋糕店。因為受當地人喜愛，結果就是品牌向國外拓展版圖，或各地的顧客都遠道而來。

11 你能吸引客人追隨嗎？

有兩種業態的店鋪數量比便利商店還多，那就是牙科診所和美髮沙龍。便利商店在日本全國約有五萬五千家（二〇一六年十月的數據，主要八家企業，日本國內），而牙科診所有六萬九千家左右（二〇一四年數據），美髮沙龍居然更高達二十三萬七千五百家以上（二〇一五年數據）。「牙科診所比便利商店還多」，這可不是玩笑話，而是真切的事實。

聽到美髮沙龍的店鋪數量竟然有這麼多，大家應該都很吃驚吧？尤其在東京都內，舉凡相鄰的大廈、馬路的對面，或是在購物大樓裡，也會有好幾家美髮沙龍的蹤影。

僅僅在同一座城市裡，就有那麼多家美髮沙龍，他們都能賺到錢嗎？許多美髮沙龍都是私人經營的，但都能順利營運嗎？

我自己對此感到疑惑，因此請教經營美髮沙龍的老闆。結果令人意外，當我說明了自家公司的事業內容，並提出請求：「是否能讓我詢問關於店鋪開發的問題？」幾乎所有人都愉快的為我解答。

根據美髮沙龍經營者的答覆，**只要每位美髮師都有三十位左右的固定客源，就能支撐店家的營運**。即使一天上門一位顧客，三十位也就過了一個月。由於女性顧客的消費單價較高，介於一萬日圓至一萬五千日圓左右（按：約新臺幣兩千七百元至四千零五十元），因此關鍵是確實掌握女性固定客源。

也許你會想：「靠這麼少的來客數，真能維持營運？」出人意料的是，維持經營所需要的來客數，其實比我們想像的都要少。

要成為美髮師，必須先在美容美髮學校學習，而後在某家美髮沙龍以助理的身分工作，在店裡磨練技術後，再耗費數年提升自己負責的顧客人數。只要能確實掌握住一定數量的固定客源，接下來的目標就是擁有自己的店，於是最後有許多美髮師都獨立開業。因此私人經營的美髮沙龍才會這麼多，未來也有持續增加的趨勢。

打個比方，要是過去一直為你服務的美髮師告訴你：「下個月開始，我就要獨立創業，在隔壁的都市開店了。」這時你會怎麼做？

儘管有些人會覺得，到鄰近都市去是件麻煩的事，但也有些人認為「無論如何，還是這位美髮師比較好」，這樣的顧客尤以女性居多。他們會為了自己熟悉的美髮師，前往鄰近都市新開的美髮沙龍。

美髮沙龍是服務業，不同於單純販售商品的行業。**服務業並非顧客追隨商品，而是一種顧客追隨人的業態**。因此服務業具有較高的目的性，比起地點位於何處，更重要的是「誰在哪裡開店」，於是才會有「我想去某某髮型師開的店」這樣的情況。

若這類顧客累積了一定數量，就能夠獨立開業。這是透過人與人的關係而成立的交易行為，所以地點無所謂。即使附近有許多同業店家，只要能夠確實掌握客源，便無所畏懼。比起由地點決定一切，美髮沙龍可說是一種因「人」選擇的典型業態。

12 要服務老顧客？或者強壓地頭蛇？

那麼，這裡有一個和美髮沙龍有關的問題。如果你想要獨立創業、開一家美髮沙龍，你會考慮在什麼地方開店？

一聽到美髮沙龍，也許你會馬上想到青山、表參道這些地區，因為這些區域開了許多名人會造訪的時尚髮廊。一旦憑藉印象來思考，心中就容易浮現這類位於都心的一級地段。

但是，把店開在這種地方，真的能維持營運嗎？不僅要和時尚敏銳度較高的顧客打交道，超級名店的頂級設計師更會成為你的競爭對手——想要在這樣的地方取勝，你有自信嗎？

將來想成為什麼樣的美髮師？你應該確實規劃之後，再考慮開店。你是想和另一半共同經營一家受當地顧客喜愛、舒適雅緻的美髮沙龍？還是想要培養高超技術，在市中心開好幾家分店？或是想要珍惜目前手上的顧客，就在顧客方便造訪的地方開業？

如果你想以企業組織的型態展開連鎖事業規模，或許就可以在美髮沙龍的一級地段，和其他店家一較高下。若無法在這樣的地方取勝，想要擴大規模，想必很困難。

如果對技術有自信，有個方法是「刻意在鄉下郊區開店」。**在都會區裡或許只是平凡的技術，但到了鄉間，就可能成了很厲害的技巧**。這樣的方法不僅在郊區可行，以亞洲為中心的海外市場應該也是如此。即使在美髮沙龍林立的地點會被埋沒，但只要把店開在沙龍數量較少的地方，也許就能發光發熱。

只是模模糊糊的想要獨立開業，但在此之前，就有好幾個選項等著你。自己想怎麼做？希望有什麼發展？首先請明確釐清這些未來方向，再從條件具體的地方開始著手。至於地點，是在通盤考量這些事之後才考慮的。

自己想要服務的顧客身在何處？這個答案將會徹底影響你的展店地點。

13 空蕩蕩卻不會倒

每個人的心中，應該都有一家店會讓你懷疑：「明明生意這麼冷清，為什麼都不會倒？」

我以前也曾有這樣的疑問，於是試著請教一位店主。這是十年之前的事了，我在偶然的機會下，詢問一位麻布十番（按：地名，位於東京都港區）的知名鯛魚燒店長：「賣鯛魚燒真的那麼賺錢嗎？」由於我在學生時期，曾在麻布十番的酒吧打工，從那時起就與該店長結識，便在店裡聊起這個話題。

店長回答：「鯛魚燒是賺不了錢的，主要是我名下有很多不動產。」

驚訝之餘，我也深深理解他話中的含義。原來他在麻布十番這裡擁有土地。當然也因為鯛魚燒受歡迎，所以生意很好。但我的問題是：「為什麼光靠單價低廉的鯛魚燒，就能維持營運？」如果名下有不動產，就能從其他地方獲得穩定的收入，也解除了我的疑惑。

有些餐飲店從以前就一直在營業，但總是空蕩蕩的，它們究竟如何維持營運？各位會感到不可思議也是理所當然。或許該店家原本就有熟客，但如果店內看起來都沒什麼人，會讓人更加不解。

可以推測，這樣的店鋪就像前面提到的鯛魚燒店長，因為是周邊土地的地主，而在名下好幾筆土地的角落開了店。走在周邊的住宅區，也許你會看到一棟豪宅，掛著該經營者姓氏的門牌，或許還會發現掛著相同姓氏的華廈也說不定。

或者，也可能是店主在自家建築的一隅經營著店鋪，一樓開設餐飲店，二樓則住著店主家人。在這樣的情況下，便**不需要繳付租金**；沒有租金，就意味著不需要賺到足以支付租金的利潤，這一點在店鋪經營上相當重要。

一旦簽下了合約，租金就無法調降，因此即使營運不順、賺不了錢，只要仍在租期內，就一定得付店租才行。因為沒有辦法從其他地方節省費用，繳不出租金就得關門大吉。但如果店鋪是自家的，就沒有這種風險，即便獲利單薄，也能經營下去。於是，市面上才會一直存在著空蕩蕩、卻一直開門營業的神祕店家。

重點整理：不拘泥於地點布局戰略的業態，你得學會這套真傳祕技

・投幣式停車場的位置，之所以會讓你感到不便，背後是有原因的。

・人潮越多越好。但是，你必須確實找到和自家店鋪性質吻合的顧客引導設施。

・自己的店鋪是要以地點決勝負，還是要以人決勝負？這個觀點也很重要。

——地點布局戰略，得要活用了商業模式後，才會發揮最大價值。

第5章

地區特性、街道、車站——地點布局三重點

在地點布局戰略中，不可或缺的就是宏觀與微觀的觀點。放眼地圖，你會看見都道府縣、無數的市鎮和街道，其中更有在考量地點布局上扮演重要角色的某種要素正在運作。沒錯，那就是鐵路（捷運）和車站。

每條街道、每段路線都有各自的色彩，每個車站更存在著屬於自己的個性。「那條街道的情況是這樣」、「那段路線是這樣」……這些話雖然可能出現在日常閒談中，但若要考量地點布局戰略，就必須以宏觀的角度，掌握街道、路線的樣貌；再以微觀的角度，抓住每個車站的特性。

一提到站前兩個字，有人或許會覺得應該是好地點，但若著眼觀察車站，再考量地點布局戰略，我們就能清楚了解印象和現實的差距。在布局戰略上，有時對於該地點的印象會助你一臂之力，但過度自信則導致失敗。

因此，為了讓讀者理解如何活用這種印象以及相關的陷阱，本章將會解說和地點布局戰略相關的街道與車站的性質。希望你能一面回想平時經常搭車的車站，一面閱讀。

1　地點布局模式，換個城市就無法套用

首先，我們就從大致輪廓，也就是各個地區的特性開始說起。這裡必須特別留意一個概念，就是「自己身處地區的常識，未必能通用在其他地區」。其中尤其應該意識到特殊之處的，應該還是東京。

有許多經營者，在東京創立的店鋪上了軌道後，就興致勃勃的宣告：「接下來就要往鄉間開店！」然而，這種想法可是個大陷阱。縱使憑藉一股衝動開了店，也很難營運下去。因為東京是座特殊的城市，就算依循在東京成功的理論，但只要地區改變了，成功的可能性就很低。

經常拿來和東京比較的城市，就是人口眾多的大阪。在人口數量、經濟活動模式，和花費金錢的方式等方面，東京和大阪的確有相近之處。不過，其實東京還有一項特徵，那就是人潮相當多，人們會從緊鄰東京的三個縣（千葉、埼玉、神奈川）湧入。這「一都、三縣」就是一般所謂的東京圈。

從這三個縣湧入的人潮中，許多人都是靠電車來通勤移動。最能表現這種情況的，就是日本全國主要車站乘客數排行榜（請參見左頁圖12）。除了大阪車站以外，前十名竟然全是東京和神奈川縣的車站。

由此應該就能了解，關東近郊的人多麼頻繁的搭乘電車了。相對的，大阪雖為日本第二大都市，使用率卻沒有那麼高。

大阪明明是大都市，為何人們卻不太搭電車？答案是，有許多人住在不搭乘電車也能通勤的地方。

最能清楚呈現這個答案的，就是白天人口和夜間人口的差距。東京是白天人口多，而夜間人口變少（請參照第二二二頁圖13）。反之，千葉、埼玉、神奈川三個縣，則是白天人口少，而夜間人口增多。

另一方面，若以大阪來觀察這一點，就會發現除了梅田車站（按：為大阪市中心的主要大站）周邊的少數地點以外，白天和夜間的顏色幾乎沒有差異，也就是指無論白天人口或夜間人口，數量都沒有什麼改變。換句話說，大阪是工作地點離居住地很近、也就是所謂的「職住接近」區域。

因此，很多人都是走路或騎自行車通勤上班。尤其因為自行車文化發達，

圖 12　日本主要車站乘客數排行榜。

JR（按：日本鐵道）、私鐵主要車站的一日搭乘人數。

No.1	車站名	乘客數（人）	路線類別	都道府縣
1	新宿車站	1,485,666	JR 線	東京都
2	池袋車站	1,101,512	JR 線	東京都
3	大阪車站	827,228	JR 線	大阪府
4	澀谷車站	824,018	JR 線	東京都
5	東京車站	804,554	JR 線	東京都
6	橫濱車站	801,310	JR 線	神奈川縣
7	新宿車站	714,949	京王線	東京都
8	品川車站	659,358	JR 線	東京都
9	澀谷車站	656,867	東急線（田園）	東京都
10	澀谷車站	612,821	東京 metro	東京都
11	梅田車站	522,790	阪急線	大阪府
12	新橋車站	501,364	JR 線	東京都
13	池袋車站	483,952	東京 metro	東京都
14	大宮車站	480,286	JR 線	埼玉縣
15	新宿車站	474,552	小田急線	東京都
16	池袋車站	472,022	西武線	東京都
17	秋葉原車站	468,374	JR 線	東京都
18	池袋車站	464,908	東武線	東京都
19	澀谷車站	435,994	東急線（東橫）	東京都
20	綾瀨車站	435,540	東京 metro	東京都
21	北千住車站	425,309	東武線	東京都
22	橫濱車站	421,165	相模原線	神奈川縣
23	梅田車站	415,769	大阪市營地下鐵	大阪府
24	高田馬場車站	403,530	JR 線	東京都
25	北千住車站	397,248	JR 線	東京都
26	名古屋車站	378,000	JR 線	愛知縣
27	川崎車站	376,386	JR 線	神奈川縣
28	京都車站	371,966	JR 線	京都府
29	上野車站	367,222	JR 線	東京都
30	澀谷車站	344,972	京王線	東京都

圖 13　東京的白天人口比夜間人口集中。

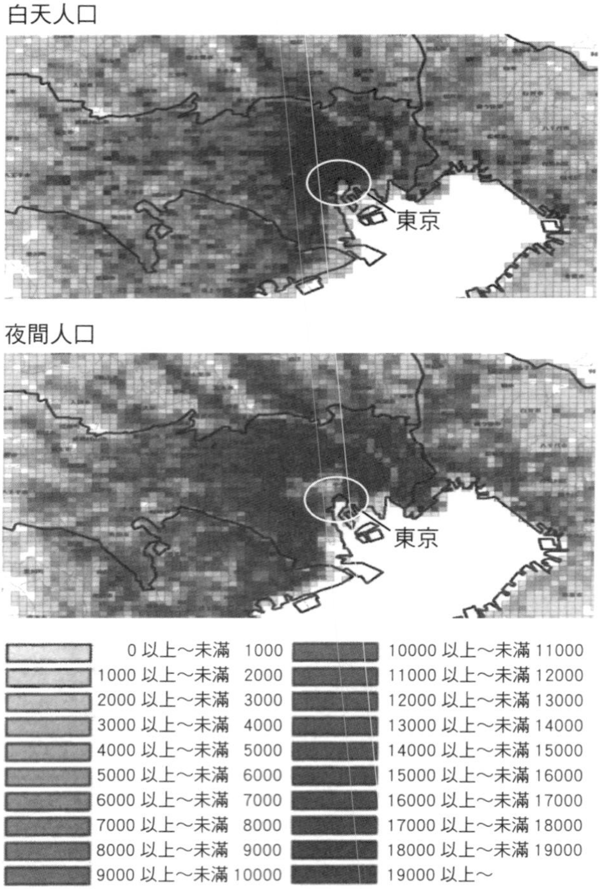

※利用國際航業股份有限公司「EarthFinder」所製圖表為基礎製成。

只要來到大阪，都會看見街上有許多人騎乘自行車。

梅田車站周圍雖然也有相當多辦公大樓，但大阪是中小型工廠較多的區域。因此，不少人住在距離工廠非常近的地方，而且靠走路、騎自行車上班。當然也有人會從京都、滋賀等其他縣市通勤而來，但人數依然比不上「從鄰近三個縣往東京都通勤」的超大量流入人口。

即使是像東京和大阪，特徵上就有如此大的不同。以車站的重要性來說，東京最重視車站，其他地方都市則沒那麼看重。就連仙台、廣島、博多等大型車站，乘客人數和東京的主要車站相比，也絕對無法相提並論。唯獨東京，可說是一座特殊的城市，因此最好還是別一概而論。

總之，東京還是以車站為中心，但地方城市並非都是如此。當然，我並不是說只要到了地方城市，車站就毫無意義，但即便在東京都內的車站周邊開店並成功經營，也未必表示將店開在其他地方的車站附近就會有勝算。

事實上，從東京往地方城市發展的失敗店家案例不少。因此必須拋棄刻板想法，不能再認為：「要在地方都市成功，就要離車站越近越好。」

反之亦然，要從地方城市往東京發展時，一定要先掌握擁有大量人潮、以車站為中心的東京圈。關於車站的考量要素，將會在本章的後半解說。

2 鄉間郊區開店，先調查人口哪聚集

那麼，在地方城市開店，應該注意什麼？答案是人口集中的地區。日本將每平方公里居住四千人以上的地區，核定為人口集中地區（按：臺北市各區每平方公里的人口數都超過四千人，新北市的泰山區則剛好超過這個標準，為四千零六人〔二〇二二年六月資料〕，可上臺北市或新北市民政局網站查詢）。總之，就是指有許多人居住的地方，希望你能多關注這種區域。

試著觀察一下東京都，你會發現都內二十三區，幾乎全都是人口集中地區。看看鄰近的埼玉縣又是如何？要看人口集中地區位於何處，透過日本國土交通省網站（http://nlftp.mlit.go.jp/ksj/gml/datalist/KsjTmplt-A16.html）查詢，非常方便。

如同圖14所呈現，埼玉縣的人口分布簡單且容易理解。國道一二二號、

圖 14　埼玉縣的人口集中地區，主要都是在四條路線的周邊。

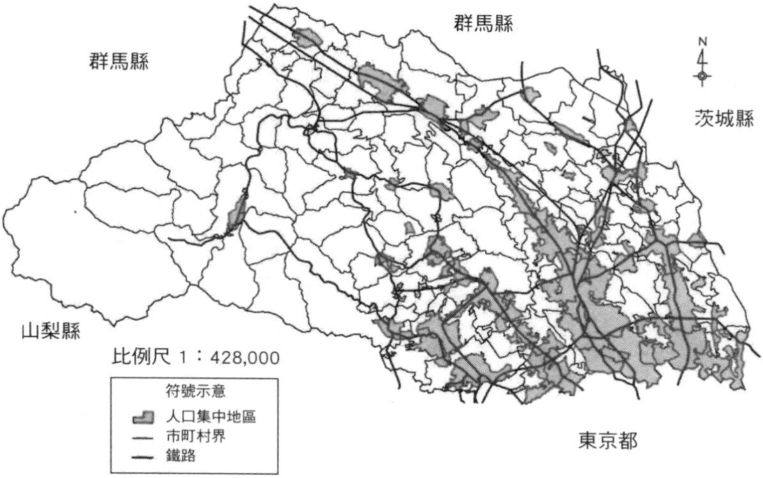

資料來源：依據日本國土交通省網站資料製成。

川越街道與東武東上線、西武池袋線、十七號線與京濱東北線，顏色都沿著這四條線分布，而其他地區則沒有顏色。

換言之，只有這四條路線的沿線地區，才是有許多人居住的地方。若以城市來說，就是川越市、埼玉市、川口市這些區域。

不僅如此，沿著這幾條線越往南走，人口集中度就越高。而埼玉縣的南方，就是東京。也就是說，許多住在埼玉縣的人，都住在沿著這四條路線且接近東京的區域，沒錯吧？我想大家可以理解，若要在埼玉縣開店，就該沿著這些路線來發展才對。

因為埼玉縣的例子十分簡單明瞭，我才會以此來說明。不過即便是其他地區，人口集中區域依然是可靠的參考指標。如果你打算往地方都市開店，希望你別只是考慮該縣的人口數，也要調查人口集中的地區。

若沒有像市中心這樣有類似「車站」等淺顯易懂的重點區域，有時國道沿線之類的地區也是關鍵。要分辨該城市獨有、較多人居住的地域特性，這些區域或許都是可供參考的線索。

3 勘查街道格局和慣用交通工具

在此說明一下日本各地城市的特徵。如前文所述，像東京、大阪的人潮聚集重點就不相同。先前曾提過，東京是「車站第一」，透過乘客人數的多寡也能明白這一點。總之，每天都會有大量的人潮搭乘電車，因此重點就在於鎖定車站。

如果將車站的乘客人數設為一〇〇%，人潮將會從車站往四處分散。如此一來，即使同樣是聯接站前的道路，有些路會有約六〇%的人口集中度，有些路則約三〇%。越是遠離車站，數值越會下降。有時候依據晝夜、星期幾等不同時間，該比例也會有所改變（請參照下頁圖15）。

就像這樣，若以車站為出發點，又該如何鎖定人口集中度高的地區？適合自己業態的街道在哪裡？答案較為簡單的城市，就是東京。

然而，在大阪，沒有那麼多人搭乘電車，因此即使以車站為起點，效果

圖 15 走出車站的人，會往四處分散。

（平日下午三點）

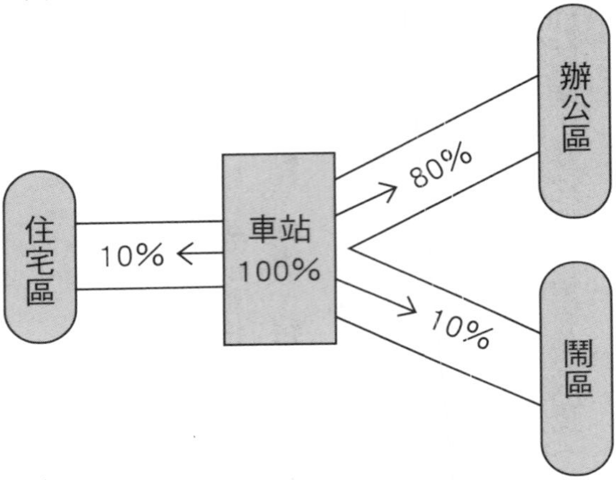

也不如東京來得好。如果是這樣的情況，究竟該把重點放在哪裡？又該在哪裡開店才好？

老實說，連我自己也覺得很難，也還未能完全掌握這個問題的答案。比起經由車站進入店家，也有許多人的路線是從家中出發、直接去店裡消費。如此一來，答案就會變成單純的「因人而異」了。

儘管我曾為了探索大阪而多次造訪，但至今仍然無法全然掌握這座城市市街的動態。我認為，這和前面提到的「職住接近」、自行車使用者眾多（我個人的印象）的情況也有關係。

這種現象也可以套用在京都。只要看京都市街的地圖，就可以明白。這裡的街道呈現出如方格一般的圖樣，就有如棋盤一般，而這種棋盤方格街道卻是棘手之處。

各位在前往目的地時，是否會想盡量抄近路？把這些想要抄近路的人走的路線聚集起來，人群就會集中在一般認為是捷徑沿線的地方。然而，如果街道是棋盤方格狀，那麼無論怎麼走，都會是相同的距離。不管往右或往左走，前往目的地的距離幾乎差不多。於是，人潮的動線就分散了。

正因為街道並非棋盤方格狀，才會出現行人為了走近路而群聚的捷徑。一旦如同京都一樣、街道呈現棋盤方格狀，就很難找出好地點，這也是原因之一。

就像這樣，依據城市特徵的不同，我們思考開店地點的角度也會改變。

在街道型態特殊的京都，公車交通十分發達，這也是一項關鍵。觀光地較容易發展公車交通，像博多也屬於公車發達的城市。這麼說起來，「公車站在哪些地方？」也是思考開店地點時，應該鎖定的關鍵之一。

還有一座特徵更為明確的城市：名古屋。前面曾提過，東京的重點是電車、大阪則是自行車，由於愛知縣也是豐田汽車之都，因此名古屋則是以汽車為主要交通工具的城市（按：愛知縣的豐田市是豐田汽車〔TOYOTA〕的發祥地，位於名古屋市東方約三十公里，此縣以汽車產業為發展核心）。

以便利商店來比較的話，如果在東京，若是走路就能到達的地方，當然就不需要停車場；但這樣的店到了名古屋，就不能沒有停車場了。或者說，一定要開在能路邊停車的地方才行。

因此，就算在車站附近，名古屋依然有非常多店鋪，都設置了停車場。考量地點時，不僅停車場要確保容易停車的空間，調查路邊地點的交通流量，也是一件重要的事（詳情請參閱第六章）。

光是拿同為人口多的大都市來比較，就有如此大的差異。我想各位讀者已經明白，為了理解該城市是一座怎樣的都市，光看人口數量畢竟不夠，也必須弄清楚該城市的主要產業、人們的生活模式才行。

4 觀察乘客特性和吞吐量

以宏觀的角度觀察過城市特徵之後，讓我們以微觀的角度來看看車站。如前文所述，並不是只要到地方都市，車站就毫無意義。雖然和東京這類幾乎能以異常來形容的乘車人潮相比，地方城市的車站就顯得較不重要。儘管如此，只要有了車站，人潮便會形成。所以了解如何**掌握車站的特性**，也不會讓你吃虧。

要以地點布局戰略的角度來衡量車站時，最容易理解的基準，就是車站的乘客人數。

大型連鎖店評估是否要在該車站前開店的兩個分歧點，一是乘客數五萬人以上的車站，二是十萬人以上的車站。

各站皆停的列車，會停靠的大都是五至七萬人、未滿十萬人的車站。相對來說，若以新宿車站為例，光是ＪＲ線的乘客人數，就高達一百五十萬人。

若是連私鐵、地下鐵也全部算進去，一天會有三百萬人左右在此上下車。據說這人數不僅居日本之冠，在全世界的車站中也排名第一。只要想像新宿車站的寬廣度、複雜程度及交會人潮的數量，你就能理解這個數字從何而來。

那麼，你認為在乘客數三百萬人的車站前開店較好，還是在乘客數五萬人的車站前開店較好？

一般都會選擇人較多的新宿車站。然而在乘客數三百萬人的車站前，一定有相當多的老闆，都和你有相同想法而在此開店，因此競爭商家也會增加。一邊是獨自吸收五萬人的單一店鋪，另一邊則是雖有三百萬人上下車，但競爭對手則有十家——究竟哪一邊才是好選擇？

乍看之下，前者能夠獨占客源，因此會感覺五萬人的站前會比較好。不過，還是有另一種開店戰略的思維，認為新宿車站較好。單純一點來看，將三百萬人除以十家店鋪，就是三十萬人。大型連鎖企業會認為，儘管競爭激烈，但來客數估計會有三十萬人次，因而選擇在此開店。

若判斷某個五萬人以下的車站不太有獲利可能，大型連鎖企業便會避免開店。若你覺得在自己居住地的車站附近，較難發現到其他車站常見的大型連鎖商家，就可以預測該站的乘客數是在五萬人以下。如果是吉野家等積極經營加盟企業的連鎖店，有時即使乘客數稍微少了一些，依然會在這類區域展店，但直營店可就難了。

不過，無論乘客數是五萬人或兩萬人，站前的租金都很昂貴，因此你應該關注的問題或許是：在距離車站較遠的小商圈裡開店，是否依舊能夠提升營業額。

也別忘了，東京是較特別的商業環境。因為再也沒有其他城市能像東京這樣，在車站附近就聚集如此龐大的人潮。除了車站的乘客數，你也要仔細觀察各路線沿線的特質。例如，中央線就是一人獨居或兩人生活的家庭相當多的路線。在這樣的路線周邊，什麼店鋪才能結合其性質？希望各位能從這樣的角度來思考。

5 兩個捷運出口就在附近，業績反而差

支援都心交通的地下鐵（捷運）系統，如今已不可或缺。集結了各條路線的東京地下鐵公司，近年也不斷在各站增加新的出口。距離目的地較近的出口增加，對於乘客來說不僅方便，更是一件值得高興的事。

然而，對於車站四周的店鋪來說，其實這些出口都攸關著它們的生死存亡。出口設在哪裡，可能會對店家的營收帶來莫大影響。

請參照左頁圖16。地下鐵（捷運站）車站多半都位於道路之下。與其說是在建築物正下方，不如說是在道路下方。現在，有A至D這四個出口。基本的地下鐵車站出口，就是如圖所示的四個位置。

此時，若以乘客的角度來思考，大多數人都是從四個出口走上地面之後，就會各自往箭頭方向前進。假設乘客是從距離目的地最近的出口出站，人潮

圖 16　地下鐵出口附近的哪個位置，不適合開店？

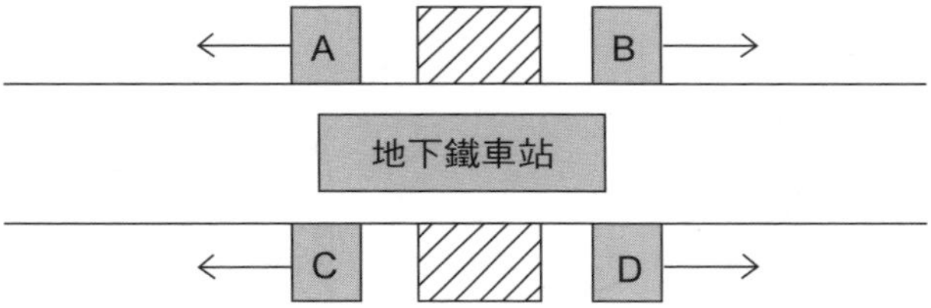

就會往四個方向散去。

如此一來，你猜會發生什麼事？沒錯，有些地點或許不利於開店做生意——那就是在圖中A和B之間、C和D之間這兩塊標示斜線的區域。換言之，就是出口和出口之間的位置。

當然，也會有人從A出口出來、再往B的方向行走，或是從B出口出來後，再往A的方向前進，但這樣的人數依然有限。出口和出口之間的位置，是我們應該留意的重點。

事實上，過去有個案例是這樣的（請參照下頁圖17）。明治神宮棒球場，是職棒球隊「東京養樂多燕子」（Tokyo Yakult Swallows）的主場，相信有許多人也曾到這裡看球賽。距離該球場最近的車站，是東京地下鐵銀座線的「外苑前車站」。從距離明治神宮棒球場最近

圖 17　因為設置新的出口，讓漢堡店的營業額大幅滑落。

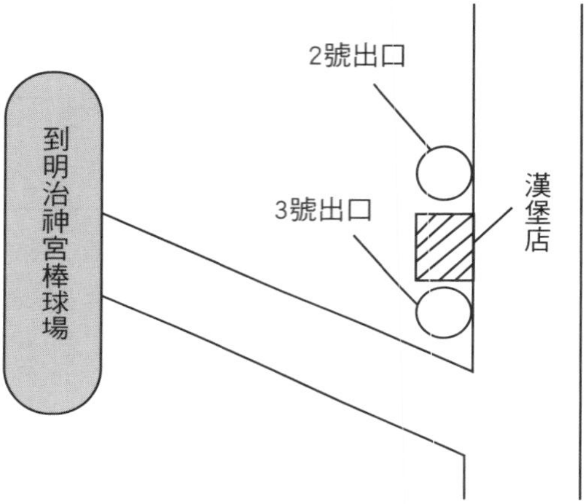

的三號出口出站，再沿著體育館路（スタジアム通り）直行，就會在右手邊看見球場了。

其實，這個三號出口以前並不存在，一開始設立的是二號出口。而位於二號出口和三號出口之間的，是一家漢堡店。

在只有二號出口的時候，有許多出站的人都會經過這家漢堡店，然後順道進去消費。然而，當比二號出口更近的三號出口落成之後，漢堡店的營收便一瞬間滑落。

多數人都想要從距離目的地較近的出口出站。由於從三號出口出站時，是朝向體育館路，因此行人出站後，必須回頭才看得見漢堡店的位置。明治神宮棒球場擁有強大的集客力，這家漢堡店卻喪失了以該地為目標的客群，於是營業額才會因此下滑。

就像這樣，之後才設置了新的出口，對於自家店面來說真是無可奈何。但是，也沒有必要一開始就把店，開在不容易看見的地方，或是和人潮流向相反的位置上吧。尤其是便利商店、速食店這類目的性較低的業態，當各位在思考開店地點時，希望能夠多多留意地下鐵（捷運站）的出口位置，以及出口朝向哪個方向。

6 活動場館周邊，爲何沒餐廳沒便利店？

埼玉體育場、味之素體育場、日產體育場……有些車站的周邊，都有這種大型體育場可以舉辦足球賽、演唱會活動。這些設施多半都離最近的車站有些距離。

一個足以容納數萬人的體育場，需要廣大的建築用地。為了確保如此寬闊的土地，體育場才會設於稍微近郊、距離車站也稍遠的位置。

大致上來說，從車站走到體育館，應該都需要十分鐘至十五分鐘左右。在這段時間裡，人們有時會想「先買個飲料吧」、「還沒到正餐時間，那就先買一點食物」，於是便沿路尋找便利商店。這可是能夠容納數萬人之多的體育館，有這麼多人都朝向同一個目的地移動，所以即使附近有好幾家便利商店也不奇怪。

然而，實際上沿路卻看不到幾家便利商店。就算好不容易找到了，裡頭也擠滿了同樣打算來購物的人潮，店內呈現客滿的狀態，收銀檯前也大排長龍，此時應該也會有人心想：「如果一起排隊的話，會趕不及的！」因此放棄購物。難道你不會想：「把便利商店開在這裡，賺得到錢嗎……？」

但事實上，或許去過體育場的人都知道，**體育場周邊意外的沒什麼人住**。雖然多少有些住宅區，但場館周邊經常都是一望無際的田地、建地。和規模大的車站相比，距離體育場最近的車站，也經常是較為小巧的類型。

因此我們可以預想，即使有大量的便利商店，也會形成相互競爭的局面。在賽事、**活動舉辦之時，大量人潮前來消費當然很好，但平時可就沒有那麼多客人**了。換言之，也可以想成是處於沒有需求的狀態。

實際上，離味之素體育場最近的車站「京王線、飛田給車站」附近的便利商店，在足球賽事或舉辦活動的日子，也曾有高達一百萬日圓的營業額。然而，據聞其他日子的營收，頂多只有三十萬日圓。兩者差距了七十萬，可見營業額會因不同日子，而有相當大的波動。

我想，各位已經可以理解，如果想要穩定營運，即使是在體育場附近，也無法輕鬆的經營便利商店。餐飲店亦然，在沒有活動的平日，可以想見營運會相當辛苦。

儘管該車站附近有大型設施，卻未必能輕易提升營收。這一點，也是我們在思考地點布局戰略時，應該留意之處。

7 跨區、跨大衆運輸路線擴張，大忌

當最初開設的店家大受歡迎，業者通常都會在其鄰近車站的周邊，再開一家店。從物流效率的面向思考，這可說是正確的判斷。

有些經營者會因為一家店鋪獲得了成功，就突然想**在市中心的蛋黃區出擊。但這種想法十分危險**。僅僅因為一家店成功，之後就能順利的繼續發展嗎？市中心可不是那麼簡單的地方。

首先，在某條鐵路沿線的車站、特別是人潮多的車站附近開店，成功即指日可待。當打算從這家店開始增加分店數時，**若從物流效率或人事問題來思考，還是推薦在同一條路線沿線，盡可能在鄰近的車站開店為宜**。

如果有餐飲店是以「從市場買進當日新鮮魚貨，再將其作為主餐料理」為賣點，那麼要高效率的運送魚貨，各分店還是接近一點，會比較方便吧？如果距離近，也能讓兼職員工經常到另一家店幫忙。就容易開展合作機制的意義來說，我認為**餐飲店應該採取優勢策略的模式來營運**。

此外，當店家在某車站周邊大受歡迎、提高知名度了，「聽說接下來在隔壁車站附近會開一家二號店喔！」新店鋪開張的消息便將成為話題。顧客會認為：「從以前就一直對這家店很感興趣，如果平時搭車的車站也會開分店，那我一定要去看看！」

除了回頭客之外，若以新顧客的心情來考量，即使聽說鄰近車站有一家好吃的店，應該還是沒有那麼多人，會專程為此到那個車站去。心裡想的頂多是「雖然感興趣，但有機會再去」，因此前往用餐的機會就相當少。現實情況通常是這樣。

然而，如果某個知名店家也在自己搭車的車站周圍開了分店，人們不僅會談論，在當地人之間也會口耳相傳。車站之間的距離近到只要搭車一至三分鐘左右就能到達，便容易散播這樣的傳言或情報，顧客也方便親自前往。因此地區性的認知度高，十分重要。

若你一開始就想要拓展多家分店版圖，有種做法是選擇一條感覺容易高效率展店的路線，再於各個車站周邊持續開店。事實上，各條路線上都會有居民喜愛的店家，也就是住在該路線沿線的人都知道的某家店。若能在一條鐵路（捷運）路線上經營多家店鋪並獲得成功，或許最終也能在市中心的大型車站前開店。

這種**沿著鐵路及捷運（公車）路線開店的方法**，大型規模的連鎖店也一直在運用。舉例來說，中華料理店日高屋就是持續沿著京濱東北線開店，花費了二十年鞏固地位後，才終於在東京都心展店。可說是高明的戰略。

靠著一家、兩家店確實的獲得客源、贏得顧客歡迎，不就是邁向成功的捷徑嗎？「店長，我們的店也在隔壁車站開個分店吧！」、「如果是這條鐵路沿線，真希望在○○車站附近也能開一家！」最好一面聆聽客戶這樣的心聲和請求，一面決定下一個開店的地點。

重點整理：地區、街道、車站的地點布局戰略，你得學會這套真傳祕技

・不同的地區或都市，通常會有許多差異是不在當地生活、就不會明白的。在自己的縣市內成功開店的戰略，在其他縣市很可能行不通。

・關於區域，人們都容易因刻板印象而先入為主，但為了了解其中的細微之處，無論是否熟知當地的地理等相關知識，都必須核對數據及第一手資料。

・「站前空出位置了！」別空歡喜一場，僅僅一個新設置的出口，就能讓店鋪的命運有所不同。

——千萬別把地區的特性、自以為的刻板印象，認定為「常識」。

第6章

所有店面都通用的黃金守則

截至目前為止，在各章描述了各種業種、業態的地點布局戰略。本章則彙整所有內容，為了今後想要開店的讀者，總結一些開店時的相關實用知識。

這些內容不僅有助於連鎖企業開發店鋪，對於希望開設私人店家、或想要增加店鋪數量的讀者來說，也具有參考價值。當然，也十分推薦給閱讀至此、對地點布局戰略感興趣的人。

連鎖企業不僅有專業部門負責開發店鋪，也有熟悉開發店鋪的負責人擔任相關職務，但私人店鋪就必須獨自一人思考所有事情。既然是以一生只有一次的決心想著：「我要開店！」想必私人業主絕對不想失敗。

儘管如此，現實情況卻是這樣：每年都有大量的新店鋪誕生，另一方面，也有大約相同數量的店家陷入倒閉困境。為了盡可能讓店鋪長久營業，若能協助各位在閱讀本章後，進一步思索出最適合自家店鋪的地點，將是我的榮幸。

1 別被平均收入誤導，先看人口數

承接和地點相關的顧問諮詢案時，經常會有人問我：「如果要在東京都二十三區開店，港區應該不錯吧？」為什麼會是港區？這和居民年收入排行有相當大的關聯。

觀察居住在東京都內、二十三區的居民平均年收入排行榜（Zuu Online 公司以二〇一三年度各區課稅對象所得，除以納稅義務者人數計算而成），得知港區的平均年收入為九百零二萬日圓（按：約新臺幣兩百四十三萬五千元），這自然是位居排行榜之冠的壓倒性數字。有些人就是看了這個數字而誤解，認為許多住在港區的人，年收都將近九百萬日圓。

或許因為港區是有高層大廈比鄰而建的區域，年收入高的人確實很多。然而，其實是有超高額年收入的部分經營者、藝人等人提升了平均值，所以會這麼想也很自然。就是因為年收入高達數千萬日圓、數億日圓的人很可能居住在此，才會將平均值拉高。

但是，大多數的人年收入都是在四百萬日圓（按：約新臺幣一百零八萬元）或五百萬日圓（按：約新臺幣一百三十五萬元）左右，和其他區域並無太大差異。要將一部分高階管理人包含在內，平均年收入才會有九百萬日圓，這一點是必須釐清的。

若多數人的年收入並無太大差異，那麼該在哪一區開店才好？答案很簡單，就是「分母數較多的地方」——只要在人口多的位置開店即可。

港區的人口約為二十四萬人，在二十三區中位居第十七。最多的世田谷區人口則有八十九萬人（按：大臺北地區人口最多的為板橋區，約五十四萬七千人），有將近港區四倍之多的人居住於此。所以究竟要在哪一區開店，成功率才會高？答案應該呼之欲出了。

另一方面，對餐飲連鎖店來說，較不受歡迎的區是足立區。我好幾次聽別人說「不怎麼想在足立區開店」，這多半是因為他們想銷售高價商品，但擔憂賣不出去。這個論點的根據，就是在先前曾提過的平均年收入排行榜上，足立區只有三百二十四萬日圓（按：約新臺幣八十四萬四千八百元），敬陪末座。

然而，若實際在足立區開店，你會發現即使是銷售高單價的商品或服務，依然有許多店家生意興隆。箇中緣由不外乎就是因為人口多。足立區的人口在二十三區中位居第五，約有六十八萬人。不僅是受餐飲連鎖店歡迎的港區的二．八倍之多，也因為分母數原本就大，因此營業額會提升，也是可以理解的。

若僅以年收入判斷，足立區或許不是選擇開店的好地點。然而，（成書時）整個東京平均年收入約三百萬日圓至三百九十九萬日圓的區，就多達十二個，在二十三區中約占半數（按：二〇二一年大臺北平均綜合所得前三名為大安區、中正區、松山區，均超過新臺幣一百一十萬元），並不是只有足立區的年收入特別低。如果要開一家走在流行最前端的高級餐廳，即使是從品牌建立開始，也是港區較為適合，但你究竟是以什麼樣的店為目標？是那種不在富裕階層的居住區，就無法獲利的店嗎？這些問題，都應該詳加考慮才是。

基本上，比起僅憑眼前的平均年收入，而選擇在港區開店，不如把店開在人口較多的足立區，才更有賺錢的可能。這點絕對沒錯。

開店時應該重視的，還是以人口數量為最優先。無論平均年收入再怎麼高，倘若原本人口就少，來店消費的人數便會受限。雖然這也會因業態而有所不同，但絕對應該鎖定人多的地方，再考慮開店地點。在全國各地也都會有提供高單價服務、商品的經營者，最喜歡的有錢人。

2 開店不可憑感覺，要觀察並蒐集數據

從事諮詢顧問工作時，我會聽到客戶說「地區規模大」、「地區潛力深厚」這樣的字眼。但即使詢問他們是以什麼為根據，他們多半都是回答「因為這個區域的人口好像很多」等曖昧的理由，依據實際數字來發言的人，其實意外的沒那麼多。這樣是不行的，即使可以藉由印象採取行動，但還是應該確實的確認數字才好。

市場規模大、交易規模大這樣的字眼，可以置換為既存商店周邊的居住人口數量，以及其家庭單位花費的金額。換言之，並不是以模糊的「大、小」來形容，而要能以正確的數字呈現。

那麼，該用什麼樣的數字才好？有一個簡單明瞭的方式，就是大家都知道的**人口普查數據**。由於人口普查的結果會公開在網路等媒介上，包含哪裡居住了幾萬人、收入有多少、運用在什麼用途上等問題，我們都能得到根據

國家調查計算出來的正確數字。（按：臺灣的相關資料可上各縣市的民政局或財政局網站查詢。）

運用**人口普查的好處**，是可以看到全國在幾乎相同的時期，所計算的數據。至於**缺點**，則是在本書撰寫的當下，我們能看到的最新數據是二〇一〇年的資料。上一次的調查在二〇一五年，相關結果的一部分才剛開始公開發表（二〇一六年十月資訊）。言下之意，**我們無法避免好幾年的時間延遲**。

儘管在某種程度上，我們必須慎重觀察根據這些資料所做的決定，但像東京這樣成熟的區域，包含人口急劇增減，或花費在零售業的金額急速滑落的可能性很低。至於地方區域，由於日本的人口縮減將成為一大問題，因此在未來五年、十年的時間內，會有地方城市人口急速減少、廢村等狀況增加。不過，我認為不會有大幅擾動統計數據的人口增減，因此請將變化的預測包含在內，好好利用。

此外，敝公司使用的是，能獲得詳細數字的地理資訊系統「ＧＩＳ」（Geographic Information System）。該系統是運用依據經度、緯度為基礎建立的相同大小網眼（地區網格）所設計而成，只要指定希望開店的物件、往外延伸五百公尺半徑的範圍，就能**知道該範圍內的流入人口、居住人口、家庭單位數量**、**消費金額**、**第一級產業從業人員的人數、性別等資訊**。不過，這是專業性較高的付費系統。

若是中小企業或私人經營的狀況，除了人口普查以外，舉凡自治體或政府機關的網頁、住民基本台帳（按：日本市町村長或特別區區長以家戶為單位，依據全體居民的住民票，編制而成的清冊）等，可免費蒐集的範圍數據就已相當充足，所以，即使只有人口數量也無妨，請試著調查看看。

3 人潮，要用手動計數器算過才準

運用資訊、調查人口，在一定程度上鎖定開店的目標區域後，接下來希望各位能實際到當地觀察、調查。僅僅看地圖或數據，無法掌握該城市的實況。你必須實際親自前往該區域，尋找開店位置。

大致選定幾個物件後，就是計算交通流量、行人流量了。雖然有透過道路交通情勢調查而得到的交通流量數據，但這只是主要道路的計算結果。依據物件不同，也分成面對狹窄道路或巷弄等不同類型，因此建議各位**利用手動計數器**，實際計算該物件前方有多少車輛通過、多少人經過。這種方法看似普通，但很多人都忽略了。

開設私人店鋪時，也應該**計算交通流量**、**行人流量**。因為即便你認為店鋪距離車站近、也覺得有許多人經過，但很有可能實際上並非如此。

銀座就是此類的典型。儘管主要道路「中央通」有許多人在此來往交會，但一走進銀座松屋百貨公司後方的道路，行人便一下子減少了。同樣都是銀座，想必租金也不會有太大的差異吧？但**僅僅差了一條路，人潮就會大大不同**。所以別只是以地名、地點來判斷，請務必造訪當地，再調查人潮。

在大型連鎖便利商店業界，會執行一種稱為「十七小時測量」的調查。就是先計算三十分鐘，再休息三十分鐘，如此反覆十七個小時，持續測量經過該地的人數。當然，無論平日、假日都要計算。有時會請打工族執行，有時也會由開發團隊的人親自測量。

或許你會認為，手動式計數器的測量，只是用手「喀擦、喀擦」按壓的枯燥工作，但連擅長地點布局戰略的連鎖便利商店，也都一定會這麼做。正因為計算的如此踏實，才會找到決定性關鍵，確定「店開在這裡果然是對的」；也正因為有這樣的根據，才能生意興隆。

反過來說，當出現了好幾個出色的物件時，我們也能以這種方式所測量出的結果來判斷。只要盡可能選擇行人較多的物件，不僅能相對減少風險，也能避免單靠印象來判斷，而是基於證據來選擇。這也許很麻煩，但請各位無論如何都要試著實際用計數器「喀擦、喀擦」的計算看看。沒有踏實的努力，便無法開拓邁向成功的道路。

4 招牌怎麼做，能吸引目光？

若打算以私人經營的方式開店，我希望各位多留意「招牌」。店家為了提升知名度，當然可以利用電視、雜誌、報紙等媒體的廣告，來進行瞬間的宣傳，但招牌這種工具，只要店家持續在該處營業，就能一直為店鋪宣傳。

招牌能持續向經過附近的人，傳達這樣的訊息：「我們就是這樣的店！」言下之意，重要的關鍵就在於，是否總是讓顧客看見招牌。

為了讓行人知道店家，就必須製作出有相當的尺寸、恰如其分的設計、同時醒目吸睛的招牌。尤其是私人店鋪，許多人會想製作時髦，或內容講究的招牌，但我希望各位考量一下，該招牌在設置之後，真的能引人注目嗎？即使裝設在店家周圍，也不會被隱沒嗎？希望各位要客觀且嚴謹的思考這些問題。

我曾因為工作的關係，親自到場參加各種店鋪的新開幕儀式。走出店家、到店門前，站在上方全新大型招牌的正對面，和在場所有相關人士一同往上看——「哇，真棒」、「真不錯」，與眾人一起分享開幕的喜悅。「一切就從這裡開始了！」這場面真令人感到緊張又興奮。

然而，此時我們都是站在店家前方，從正面往上看著招牌。其實，若是以步行經過該店前方的人來說，很難會有這種情況。

多數的顧客、行人，應該都會在路過店家時順便看看招牌。儘管如此，他們也不會刻意停下腳步，而是一邊走、一邊看招牌。如果腳步匆忙，招牌上的字又太小，或是使用特殊字體，都可能無法順利閱讀。無論裝在店家外牆上的招牌有多麼華麗，除非是相當留意，否則幾乎不會有人刻意停下腳步看招牌。

那麼，該怎麼做才能讓行人認知到店家的存在？答案很簡單。就是將**招牌以「垂直於道路走向」的角度來設置**即可。

若將招牌以緊貼牆面的方式，裝設在店家外牆上，那麼如果是沿著道路開設（而非在路角地）的店家，招牌就會是以平行於店家前方道路的角度來設置。

另外，有一種方法是，在同一店家所在的建築物外牆上，也以垂直於道路走向的角度設置招牌，這種招牌稱為「**袖子招牌**」（按：日文原文為袖看板）。相信你也曾經看過這類招牌，它們都像是朝著馬路突出一般，設置在大廈外牆，或各個樓層。

和袖子招牌一樣、垂直於道路方向設置的招牌中，還有一種是放置於店家前方的「**立式招牌**」。有黑板上手寫文字的類型，甚至還有可隨時間切換電子布告內容的看板。只要將正、反兩面都能使用的「A字型立式招牌」，垂直於店鋪大門方向設置，那麼無論行人從道路的哪一邊走過來，都能立刻發現店家。

無論在形狀或色彩上，招牌都應該有所講究。世界上的招牌，恐怕有九成左右都是四角、長方形的吧？若鎖定餐飲領域，就有相當多招牌都使用了能引發食慾的紅、橘、黃等暖色系。如果你採用相同做法，那招牌可就會隱沒其中了。

利用招牌與其他公司有所區隔的，就是星巴克咖啡。如今我們看慣的綠色圓形招牌，在星巴克最初來到日本時，可說是相當嶄新的設計。

你當然不需要做出什麼標新立異的事，但僅僅在招牌的顏色、形狀、設置地點上多下點功夫，店家的認知度就會有巨大的轉變。要如何讓行人認識、記住自己的店鋪？在顧客走進你的店消費之前，能否對潛在客戶多一點用心，便是你的考驗了。

5 大型超市面臨困境，須另創利基

超市，可說是一個學習「時代變遷」和「業界」之間關係的案例。目前整個**超市業界的規模，有持續縮小的趨勢**。原因有很多，不過最重要的，應該還是店鋪數量過多的緣故。一旦數量太多，購物的人潮便會分散。當一個車站周邊有好幾家超市，便會互相搶客而無法集中客源，營收也無法提升。

此外，去超市的顧客數本身持續減少，也是一項因素。現在由於單身者增加，男性單身人士多半靠外食、便利商店便可解決用餐問題。**越來越少人會在超市購買食材、烹調料理**。當然，這與女性單身人士增加也有關係。工作的女性變多，於是結婚年齡提高了。即使是單身女性，也沒有那麼多人會每天做飯。

也販售生鮮食品的百圓商店「LAWSON 100」，曾做過一項問卷調查。雖然實施調查的店鋪只有三十家左右，不過依然得出了一個有趣的結果：原本LAWSON 100是以「**去超市購物的**主婦客群」為目標而創立的事業，然而當事業開展、店鋪持續增加後，卻發現實際造訪店鋪的**主要客群，全都是銀髮族**。

因此，LAWSON 100召集了銀髮族顧客，向他們進行問卷調查：「為什麼您不到超市去，而選擇了LAWSON 100生鮮便利店？」一般人的印象中，大都認為銀髮族會覺得：「便利商店的商品好像加了很多添加物，價格相對來說也不划算，所以比較喜歡超市。」以年代而言，比起近年持續進化的便利商店，若說他們較熟悉從以前就存在的超市，也容易往返利用，感覺上似乎比較說得通。

然而結果揭曉，其中許多人的答案都是：「要在超市找想買的東西，必須來回走動，好累。」便利商店頂多四十坪大小，只要兜轉一圈，就能買齊想要的東西；而超市則多為兩百坪至三百坪大小的店面，在寬敞的店內從頭走到尾，距離確實相當長。

此外，銀髮族的食量也很少，超市裡的許多商品，都是為家庭客群而設計，因此一包食材裡的分量太多。如今，市面上販售著小分量包裝、四分之一尺寸的蔬菜等各式各樣商品，但小分量商品，還是以便利商店的品項較為豐富，這件事也不足為奇。

有越來越多的銀髮族都抱有這種想法：「只要在小店鋪、購買少量就好了。」因此販售生鮮食品的便利商店也逐漸增加。超市也正在加快腳步，以市區的小型店鋪形式開店。AEON體系的「My Basket」、同為AEON集團的子品牌「Maruetsu Petit」便是此類代表，這樣的店鋪在日本全國已多達兩千家了。

不僅如此，年輕世代使用的則是網路商店。將品質精良的食材宅配到府的「Oisix」、「Radishbo-ya」等，都以市中心區域為中心持續提升營業額。各家超市也正致力於網路購物，顧客只要透過網路訂購，商品就能立即送達，因而能夠省下前往購物時耗費的勞力和時間。這樣的模式開始受到雙薪家庭的歡迎。

各式各樣的替代方案增加，讓人們不須每天到超市購買食材、下廚做飯，也可以過生活。單身人士增加、晚婚，讓年輕族群不再愛去超市，甚至連銀髮族也都不去了。這麼一來，**究竟還有誰會去超市**？

就像這樣，日本家庭成員組成的變化，對以家庭族群為中心客群的超市帶來了重大影響。當人們的生活方式、工作方式等出現變化，需要的東西當然也會不同；而支持整個飲食業界的餐飲店、零售店不僅要改變供給方式，需求上也會有大幅的改變。

「只要開設大型店鋪、備齊大量商品就好」，這樣的時代已然告終。對世間的變化具敏感度，並彈性的面對需求模式，或許才是超市這個業態求生存的重大關鍵。

此外，小學、中學和超市之間，具有相當高的親和性。有往返住家和學校的孩子，也意味著有家人同住的家庭在附近生活。比起白天人口增加、但夜間人口減少的商業區，有中小學的區域當然也會有許多超市；而與只有單身人士居住的地區相比，小家庭的人數較多，因此營收也會較高。

6 觀察人潮，提供他們方便

我曾在第四章以「蔦屋書店和咖啡廳」、「場外賽馬售票場和吉野家」這兩個案例，說明過具有高度親和性的業態。其實，在非特定顧客引導設施的情況中，也會產生親和性高的地點關係。

例如，婚禮會場附近的美髮沙龍。女性在出席親友的婚禮時，應該有不少人，會考慮到會場附近的美髮沙龍做造型吧？只要在會場附近鮮明醒目的標示：「接受參加婚禮的髮型設計預約。」就能吸引到這類顧客。

另外，還有墓地（殯儀館）附近的花店。去墓地祭拜時，理當會帶著供奉在墓前的花。萬一不小心忘了帶，只要附近有花店，就可以買花了。在盂蘭盆節、清明節等傳統節日，花店不也開始販售以菊花為主的供奉、祭拜用花束嗎？

花店與音樂廳、活動會場的附近區域，也具有高度親和性。「要去朋友的音樂會卻兩手空空，不太好吧……」，這時候只要會場附近有花店，就能馬上準備好花束。令人意外的是，事實上有很多人會忘了帶花，往往是在抵達會場之後、看見手上拿著花束的人，才突然驚覺的。

因此，不該只是把店開在自己想開的地方，而是設身處地、在顧客覺得「如果有家店就很方便」的位置開店，希望各位也能擁有這樣的概念。

另一方面，你也能逆向思考。附近有墓地的便利商店，若販售供奉、祭拜用的花束，便有機會熱賣。如果附近剛好又沒有其他花店，應該就能大為暢銷吧。假使順便將線香、蠟燭等物品一併擺上貨架，也必然會有人連同花束一起購買。

在自家店面附近，鎖定一些「因為基於某種理由，絕對會有一定數量的顧客上門」的地點，店內又備有前往該地點的人所需的物品，或許就能獲利。如果附近沒有其他店家販售相關物品，那你就更應該拿出來賣了。

就這層意義上來說，開店之前當然要先做好調查。但開店之後，仔細觀察周邊的人潮、並持續探詢人潮集中的地點，才更重要。

7 兩大障礙造成東西好，客人還是不進來

我曾在前言中說明過，營業額關鍵因素之一「⑤通道路口」這個詞，指的是進入店家的難易度。

你曾見過這樣的景象嗎？鐵路（捷運）沿線的站前店鋪前面，停放著許多自行車。在有大量居民利用自行車代步的城市裡，總有許多腳踏車停放在路邊（包含違規停車），於是有時人行道寸步難行，人們也難以走進店裡。

儘管最近因為地區、店家之間的努力與通力合作，這些自行車已有減少的趨勢，但人們還是必須避開路邊停放的自行車，否則實在很難走進店裡。我將此稱為「物理障礙」。當你一想到必須避開大量的自行車，就會忍不住心想：「真麻煩，而且就算不去這家店也沒差。」不是嗎？

這樣的障礙還有其他類型。假設你是女性，肚子餓的時候，眼前剛好有

一家連鎖牛丼餐廳。牆面是大片的落地窗，因此從店外也能清楚看見裡頭的狀況。店內坐著一些看起來像是中年男性上班族的人，不過在U字型的吧臺區，還有幾個位子空著。

那麼，此時你會走進店裡嗎？如果你是男性，我想你會毫無顧忌的走進去。但若是女性又會如何？應該有不少人會想：「感覺不太好走進去吃飯……。」一位單身女性，是否要在從外面能透過玻璃窗一覽無遺的餐廳裡頭吃牛丼？我想每個人的答案都不盡相同。

如果那家牛丼餐廳不將女性視為主要顧客，要說沒問題也是沒問題的，但這種「不太好走進去」的感覺，就是一種心理障礙。在走進店家之前，就會讓人忍不住浮現以下心情：「感覺有點不太好走進去。」、「這不是我該來的店吧。」

最具代表性、同時兼具兩大障礙的地點，就是之前也提過的地下室店面，它不僅擁有物理障礙，會讓人覺得走下樓很麻煩，也會有心理障礙，讓人搞不清楚店家氣氛、不知道價格和店內是否擁擠。

由於銀髮族不方便上、下樓梯，因此這也算是一種物理障礙；而在當地，

「店內氣氛讓陌生客人難以走進的店家」，亦可說是一種會讓人產生心理障礙的店鋪。

若想掌握廣大客群，就必須特別意識到顧客的心理障礙並仔細考量。任何人都能輕易走進去的店，會是一家什麼樣的店？非自家店鋪的目標客層之所以不上門，是因為什麼障礙？必須思考這些問題，排除障礙因素。今後當你準備要開店時，希望也能思索出，該如何塑造兩大障礙較少的店鋪。

8 味道好竟然不是再度光臨的首要理由

《日本經濟新聞》曾刊載過一篇這樣的問卷調查報導。該報社進行了一項關於常造訪店家的相關調查，細節如下。

根據報導內容，有個問題是：「你有經常光顧的餐飲店嗎？」有七成的人回答「有」。接下來再問：「去常光顧的店時，會有什麼優惠嗎？」回答「沒有」的人，竟然高達七成之多。

換言之，儘管許多人都有經常光顧的店，但大多數人都未能占到便宜。明明沒有優惠，卻有這麼多人依舊前往常去的店家，原因究竟是什麼？「**持續造訪的原因為何？**」對於這個問題，最多人回答「地點方便」。雖然也有「店員態度佳」、「喜歡店內氣氛」等理由，但**第一名還是地點的便利性**。

藉由這個結果，我們可以了解一件事：儘管許多人都有常光顧的店，但不是因為划算才去，只是單純因為方便而已。**原本我們以為，待客態度、氣**

氛美妙或料理的美味程度，是顧客常來消費的決定性因素，實際上卻是因為店家位於方便的位置，這真是令人大感意外。

各位讀者是因為什麼理由，才會去熟悉的店家？許多人都是因為地點好，而決定要經常光顧，因此對於經營餐飲店的人來說，這或許是一個非常重要的關鍵。

年輕經營者剛開始經營餐飲店，多半都對自家口味有絕對的自信。尤其是親自在廚房裡烹調料理的人，更傾向如此。當然，如果沒有自信，就不會有開店的打算了，他們總是深信：「我的店才是最棒的。」

打個比方，即使有個人認為自己的店口味最好而開了拉麵店，又會有多少顧客覺得這家店最好吃？或許顧客會因為美味而造訪，但從前述的問卷調查結果來看，常去的理由不是只有口味而已。

現在無論到哪家店，人們都能吃到還算是美味的料理。儘管我認為人氣拉麵店，料理好吃是理所當然的，消費場合也各有不同，但如今即使去連鎖拉麵店，我們都可以享用到不算難吃、口味中上的拉麵。

然而，仍有不少經營者認為：「店鋪的地點根本無所謂，只要好吃，客人自然就會來！」他們堅信因為自己的料理口味好，所以不管在哪裡開店，都能順利營運，於是未能深入思考地點布局，就決定了開店位置。

不僅止於先前提到的問卷調查，即使觀察和外食相關的各種調查，當詢問受訪者前往該店的理由時，**「味道好」這個理由**幾乎都不是最主要因素，雖然**會進入前五名左右，但很少位居第一**。因為許多人重視的是口味、好吃以外的條件。

在《週刊Diamond》的報導中，曾有一項問卷調查的複選題是：「選擇店家或場所時，你重視的是什麼？」由於各式各樣的業種、業態都列在其中，因此受訪者可以從「店員的態度細心且迅速」、「品項豐富」、「價格感覺划算」等選項中選擇；但在外食領域，你認為什麼理由會是第一名？沒錯，「地點方便」這個答案占了八成，絕對位居所有選項之冠。

關於開店，你是否已經能理解地點的必要性了？所以別再以「只要好吃，不管在哪裡開店，客人都會來」這種上對下的觀點來決定，你該思考的是：「究竟該把店開在哪裡，才能讓多一點顧客上門？」

9 站在店門口，還是沒看過你的店。正常

如果你的店已經開張多年，希望能增加更多的顧客、提升營收，希望各位能參考以下介紹的兩個案例，將會啟發你了解自家店面的實際狀況。

擁有顧客會員資料的店鋪，能夠根據這些資料了解商圈的範圍。某家位於大阪住宅區的釣具店，也曾經試著根據會員資料，來調查自家商品的商圈有多廣。

該店從距離店鋪較近的位置開始，依序將來店顧客的地址標註在地圖上。標示完七成顧客的位置後，再以店鋪為中心、畫個圈圍起來。就這樣，大致上確立了從店家往外擴散，約半徑七公里左右的界線。七公里還算是廣闊的範圍，由於店內販售的是「釣具」這種目的性高的商品，因此他們預想，應該會有顧客，從稍遠的地方前來消費。

然而，當店家實際對顧客進行問卷調查，詢問：「您從哪裡來？」一個星期後，卻得出這樣的結果：主要顧客都是來自於半徑三公里以內的範圍。儘管從顧客資料來看，商圈範圍有七公里，但我們發現，**頻繁到店消費的顧客，依然來自店家附近**。

也許有不少人只是單純的分析自己手中的數據，就覺得已經明白狀況，但也有些部分，單靠數據是看不清真相的。有時候，你也應該試著傾聽顧客真實的聲音。

另外，某家中華料理店則發生過這樣一段故事。該店開幕至今已有十年之久，但營業額總是無法提升。店主一直為此煩惱：「我在這個地方已經做了長達十年的生意，這條路上的人應該全都知道我這家店才對。明明味道也不錯，為什麼他們都不上門？」

面對前來商量的店主，我如此提議：「如果是這樣的話，讓我們試著問問路人，看看他們是否真的知道您的店吧！」我們不是在距離店家稍遠的位置，而是在店門前的路上，詢問走過招牌正下方的人：「不好意思，請問您知道○○軒這家中華料理店嗎？」如此調查他們是否真的知道這家店。

你覺得結果會如何？明明店家就近在眼前，竟然有不少人都說出「沒聽過」、「不知道這家店」、「我在這條路上已經住了三十年，但沒看過這家店」等答案。

或許你會驚訝，但藉由這個方法詢問路人，就會明白有四成的人知道這家店——意思就是，**只要該店的知名度超過四成，就算是很高的數字了**。由於連鎖店具有影響力，因此知道的人很多；但若是私人經營的店，就請你將四成當作一個基準。

「竟然有這麼多人不知道我的店……。」這家中華料理店的店長因此大失所望，他認為自己明明已經在這裡做生意長達十年，附近的人卻都不怎麼知道這家店的存在。此後，這家店在忙碌時會發送傳單，因而提升知名度，但我希望店長最該重新對「大家應該都知道我的店」這個想法有所改觀。

進行這種調查後，相信你就能清楚了解自家店面在顧客、周遭人眼中的實際狀況。如果知名度擴及的範圍未能超乎想像，某種程度上也可說是一種機會。因為只要提高認知度，顧客便會增加，就能預期營業額會提升。與其莽撞的採取緊急對策，不如先了解營收低迷的原因，才能確實制訂好對策。

10 刻意觀察。練習用各種條件剖析一家店

我替客戶擬訂開店戰略，並在預測營收時，會找出影響營業額的關鍵因素，但此時還會透過地點布局的觀點，**比較一些「條件看似相同的店鋪」**。

舉例來說，如果一家是在埼玉縣住宅區附近設有得來速、停車場的麥當勞，而另一家是在擁擠的秋葉原站前的麥當勞，即使拿這兩家店比較，也是比不出結果的。這是因為顧客採用的交通方式不同，利用的情況也有差異。

因此，若要和秋葉原站前的店鋪對照，就必須以同樣人潮眾多的上野站前的店鋪、銀座站前的店鋪來比較；而如果是埼玉縣的麥當勞門市，就該選擇神奈川縣的麥當勞門市才行。

不這樣做，便無法真正比較出結果，也不會知道影響營業額的關鍵因素是什麼。

學習一家成功的店，未必模仿所有細節就好。一家店之所以成功，或許是因為所屬業態大受歡迎，也可能是因為地點具有優勢之故。不篩選條件、直接剖析所有細節，我們也看不清該店鋪成功的真正理由。若不拿相似的店鋪來比較、分析，便無法看清真相。

「**我想增加分店數！**」如果你這麼想，**就應該尋找和自家店鋪相似的連鎖店**。即使你的店就屬於該連鎖企業，也要找出和自己開設的店鋪距離相近，或是性質相似的數家店。然後，請找出彼此的共通點，例如「如果在這樣的地點開店，就會受顧客歡迎」、「看起來確實是在行人流量多的地方開店」、「附近有這樣的設施」。你只要以這些共通點為基礎，再思考地點布局戰略就行了。

一家營運成功的連鎖企業，必然有其關鍵因素。這些因素究竟是什麼？在研究其他店鋪的同時，也要思考自己的店為何能順利營運？該如何做，才能更上一層樓？相信你一定能找到自己該做的事。

這裡還有一個必須留意的地方。雖然我希望各位務必要比較地點，但在此之前，最不能忘記的，是要回歸到商品本身。

我們經常聽到這樣的故事：某餐飲店因為在地方都市獲得了成功，於是經營者心想：「我要前往大城市東京拓點，一決勝負！」然後實際在東京開了店。另一方面，有些店則是「雖然將版圖延伸到了東京，後來卻營運不善，結果幾年內就撤掉了」，這樣的案例也時有耳聞。

究竟是哪裡做得不好？其中必然也有地點的問題，但追根究柢，經營者是否對商品抱持絕對的自信也很重要。當然，我也希望各位別抱著毫無根據的自信，而是**要和競爭店比較，看看它們究竟哪裡表現優異？**是否有受歡迎的關鍵因素？應該確實執行這樣的分析和驗證。

關於店鋪地點，雖然我能以專業立場提供建議，讓客戶能在更好的地點開店，但關於各家店鋪販售的商品，我們就是外行人了。縱使在最佳位置開了店，若商品本身的表現差強人意，成功的可能性也會降低。

在比較其他店的地點時，希望各位同時也要確實比較商品，持續鍛鍊、打造出不輸給成功店家的好產品。

地點布局戰略是一種重要的戰略，成功了就能讓營收倍增、失敗了則會導致經營破產。某種程度來說，雖然它具有特效藥般的效果，但也不會像魔法一樣神奇。**擁有傑出的商品，在優秀的地點開店**——請你千萬別忘了這條黃金成功法則，這絕對不是天方夜譚。

本書走筆至此，在此做個總結。期待未來某一天，有一家能讓我覺得「真是一家開在好地點的好店鋪」而走進去的，正好就是你的店。

結語
租金不貴的好店面難找，「地點學」使你獨具慧眼

最近，連過去未曾前來諮詢的業界，都開始詢問我關於展店的事了，例如證券公司這類與金融相關的企業。

基本上，證券公司一直都是從事「客人自行上門」的買賣。然而，他們卻來到敝公司諮詢，表示想要再往外踏出一步，讓顧客更能看見自己，並期望有更多的互動溝通。

企業主開始思考要設置小型的衛星商店（按：satellite store，意指圍繞總店開設的小型店鋪，因有如衛星環繞行星而得名。衛星商店僅僅專注於銷售，目的是招攬總店無法吸引的客群，以及提升和顧客之間的互動，雖然販售的商品和總店相同，但營運計畫、方針或整體管理都由總店執行），讓顧客了

解更多關於自家公司的事。於是，他們來到敝公司諮詢這個問題：「為了達到這個目的，該選擇什麼樣的地點才好？」

最近，保險公司開始積極執行這類行動，即使在商店街裡，也經常能看見它們的蹤影。有些業界過去不像其他業種那麼在意地點布局戰略，但如今他們也有學習的企圖了。今後我們一定會有更多機會接到諮詢的委託，而這些委託都來自意想不到的業界。

透過本書感受到地點布局戰略奧妙的讀者，無論你目前身處什麼樣的行業，我都建議你嘗試思考和地點、店鋪開發相關的事。因為地點布局戰略不僅關係到今後的發展，更會是你重新盤點、描繪自身工作特點，以及未來的好機會。

以下這段話，要寫給正在經營店鋪，或接下來預定要經營店鋪的讀者。

構成店鋪營收的因素，涵蓋的範圍非常廣泛。人的問題、商品的問題、價格、店內氣氛等都是。然而，這些因素都是在開店之後，即便行不通也還能再改變的。如果人不好，只要替換即可；如果是商品不佳，更換就好了。

但是開店位置，也就是地點，是無法輕易改變的。「開店一週之後發現位置不對，那就換到其他的位置！」事實上不可能會發生這種事。

據說，開一家便利商店大約要耗費六千萬日圓（按：約新臺幣一千六百二十萬元）。規模再大一點的家庭餐廳，材料成本也更昂貴，可能高達一億日圓之多（按：約新臺幣兩千七百萬元）。投資一億日圓之後，又要支付高額的押金、禮金，根本不可能在營運不善時，立即轉移陣地。

正因如此，儘管所有伴隨著開店的條件都很重要，但一但失敗就無法回頭的「地點」，更需要你慎重決定。

大型企業可以委託敝公司這樣的行業諮詢，再增加開店地點的判斷因素，但我更希望私人經營的業主留意這件事。我見過許許多多的案例，總是以租金有多低廉來判斷，或是認為「我手藝好，所以開在哪裡都行」而未能深思熟慮，結果選擇以極高風險的方式，來決定開店地點。

不過，希望各位讀完本書後，一定要思考：「你是否已經把該確認的重點都確認過了？」尤其是餐飲業界，可以想見今後的競爭將會越來越激烈。因為無論店家再怎麼增加，人們的胃袋依然不變。

以零售業來說，服飾這類商品即使今天不穿，還是可以為了明天、後天而買；但用餐這回事，則只是為了填飽肚子。現今人口正不斷的減少，如此一來，店家之間的競爭必然會更為激烈。

和過去相比，**連鎖店的回頭客人數更有下滑的趨勢**，因為無論是哪一家連鎖店的料理，都已經具備相當程度的美味。若是在市中心，即使一輩子每天都到不同的餐廳用餐，依然可能吃也吃不完吧？當然，外食產業的飽和狀態，也會影響到私人經營的店家。

身處在這樣的時代，如果選錯開店的地點，也有可能致命；但只要仔細挑選，它將會成為你強大的心靈後盾。

「**只要在這裡開店，就一定會有客人；萬一客人不來，只要改善商品、招牌、顧客接待等，這類軟性層面的細節即可。**」希望你一定要找到，能讓自己這麼認為的好地點。

國家圖書館出版品預行編目（CIP）資料

開店的地點學：三萬份大數據分析「地點」的布局戰略，你務必要懂的街道線索。/ 榎本篤史著；黃立萍譯 . -- 二版 . -- 臺北市：大是文化有限公司 , 2022.10
288 面；14.8×21 公分 . -- （Biz；405）

ISBN 978-626-7123-99-7（平裝）

1.CST：商店管理　2.CST：創業

498　　111012425

Biz 405

開店的地點學

三萬份大數據分析「地點」的布局戰略，你務必要懂的街道線索。

（原版書名：地點學）

作　　者／榎本篤史
譯　　者／黃立萍
美術編輯／林彥君
副 主 編／劉宗德
副總編輯／顏惠君
總 編 輯／吳依瑋
發 行 人／徐仲秋
會計助理／李秀娟
會　　計／許鳳雪
版權經理／郝麗珍
行銷企劃／徐千晴
行銷業務／李秀蕙
業務專員／馬絮盈、留婉茹
業務經理／林裕安
總 經 理／陳絜吾

出 版 者　大是文化有限公司
臺北市 100 衡陽路 7 號 8 樓
編輯部電話：（02）23757911
購書相關諮詢請洽：（02）23757911 分機 122
24 小時讀者服務傳真：（02）23756999
讀者服務 E-mail：haom@ms28.hinet.net
郵政劃撥帳號：19983366　戶名：大是文化有限公司

法律顧問　永然律師聯合法律事務所
香港發行　豐達出版發行有限公司 Rich Publishing & Distribution Ltd
地址：香港柴灣永泰道 70 號柴灣工業城第 2 期 1805 室
Unit 1805, Ph. 2, Chai Wan Ind City, 70 Wing Tai Rd,Chai Wan, HongKong
電話：2172-6513 傳真：2172-4355
E-mail：cary@subseasy.com.hk

封面設計／林雯瑛
內頁排版／陳相蓉
印　　刷／緯峰印刷股份有限公司
出版日期／ 2022 年 10 月二版
定　　價／ 390 元（缺頁或裝訂錯誤的書，請寄回更換）
I S B N／ 978-626-7123-99-7
電子書 I S B N／ 9786267192023（PDF）
9786267192030（EPUB）
Printed in Taiwan